国家出版基金项目
NATIONAL PUBLICATION FOUNDATION

中国大科学装置出版工程

UNVEILING THE MYSTERY OF SPACE WEATHER

THE CHINESE MERIDIAN PROJECT

探索空间天气的奥秘

东半球空间环境地基综合监测子午链

王赤 主编　陈志青 张晓曦 副主编

浙江出版联合集团
浙江教育出版社·杭州

本书编委会

主　编：王　赤

副主编：陈志青　张晓曦

编　委：(按姓氏笔画排序)

丁　凯　　丁宗华　　马玉立　　刘正宽　　李橙媛

肖存英　　吴宝元　　张　恺　　张青梅　　陈　罡

陈　晨　　陈　博　　陈廷娣　　宗位国　　胡红桥

胡连欢　　姜秀杰　　秦　婷　　袁　韦　　郭孝城

黄朝晖　　程永宏　　薛向辉

总　序

　　新一轮科技革命正蓬勃兴起，能否洞察科技发展的未来趋势，能否把握科技创新带来的发展机遇，将直接影响国家的兴衰。21世纪，中国面对重大发展机遇，正处在实施创新驱动发展战略、建设创新型国家、全面建成小康社会的关键时期和攻坚阶段。

　　科技创新、科学普及是实现国家创新发展的两翼。科学普及关乎大众的科技文化素养和经济社会发展，科学普及对创新驱动发展战略具有重大实践意义。当代科学普及更加重视公众的体验性参与。"公众"包括各方面社会群体，除科研机构和部门外，政府和企业中的决策及管理者、媒体工作者、各类创业者、科技成果用户等都在其中。任何一个群体的科学素质相对落后，都将成为创新驱动发展的"短板"。补齐"短板"，对于提升人力资源质量，推动"大众创业、万众创新"，助力创新型国家建设和全面建成小康社会，具有重要的战略意义。

　　科技工作者是科学技术知识的主要创造者，肩负着科学普及的使命与责任。作为国家战略科技力量，中国科学院始终把科学普及当作自己的重要使命，将其置于与科技创新同等重要的位置，并作为"率先行动"计划的重要举措。中国科学院拥有丰富的高端科技资源，包括以院士为代表的高水平专家队伍，以大科学工程为代表的高水平科研设施和成果，以国家科研科普基地为代表的高水平科普基地等。依托这些资源，中国科学院组织实施"高端科研资源科普化"计划，通过将科研资源转化为科普设施、科普产品、科普人才，普惠亿万公众。同时，中国科学院启动了"科学与中国"科学教育计划，力图将"高端科研资源科普化"的成果有效地服务于面向公众的科学教育，更有效地促进科教融合。

科学普及既要求传播科学知识、科学方法和科学精神，提高全民科学素养，又要求营造科学文化氛围，让科技创新引领社会持续健康发展。基于此，中国科学院联合浙江教育出版社启动了中国科学院"科学文化工程"——以中国科学院研究成果与专家团队为依托，以全面提升中国公民科学文化素养、服务科教兴国战略为目标的大型科学文化传播工程。按照受众不同，该工程分为"青少年科学教育"与"公民科学素养"两大系列，分别面向青少年群体和广大社会公众。

"青少年科学教育"系列，旨在以前沿科学研究成果为基础，打造代表国家水平、服务我国青少年科学教育的系列出版物，激发青少年学习科学的兴趣，帮助青少年了解基本的科研方法，引导青少年形成理性的科学思维。

　　"公民科学素养"系列，旨在帮助公民理解基本科学观点、理解科学方法、理解科学的社会意义，鼓励公民积极参与科学事务，从而不断提高公民自觉运用科学指导生产和生活的能力，进而促进效率提升与社会和谐。

　　未来一段时间内，中国科学院"科学文化工程"各系列图书将陆续面世。希望这些图书能够获得广大读者的接纳和认可，也希望通过中国科学院广大科技工作者的通力协作，使更多钱学森、华罗庚、陈景润、蒋筑英式的"科学偶像"为公众所熟悉，使求真精神、理性思维和科学道德得以充分弘扬，使科技工作者敢于探索、勇于创新的精神薪火永传。

中国科学院院长、党组书记　白春礼

2015年12月17日

　　三个太阳在万有引力的作用下做着变幻莫测的运动，不知道哪一天太阳就不再升起，也不知道哪一天会三日凌空。文明在极寒和极热交替的灾难中一次一次地毁灭，又一次一次地重生。文明的参与者顽强地探索着三体问题的解，竭尽全力地维系着文明。当得知地球人类所处的太阳系是如此适宜生存时，他们就组建了庞大的宇宙舰队，朝这个世外桃源飞奔而来。这是科幻小说《三体》描述的文明受环境所迫和不同文明之间相互威胁的场景，着实让读者为人类的命运捏了一把汗。

　　虽然不用担心三日凌空，但人类赖以生存的地球能否永保平安呢？6500万年前的生物大灭绝，在地质变迁的历史长河中，就像发生在昨天一样。地球的磁场和大气避免了人类遭受太阳风的直接吹袭。但有研究表明，地磁场在过去200年间减弱了15％。如果哪天地磁场消失了，人类还能在这里生存吗？如果全球升温持续，海平面上升2米，可供人类居住的地方就不多了。如果来一次行星撞击地球，情况将更糟糕。这样的危险不胜枚举。在茫茫宇宙中，地球只是弹丸之地。我们不能将人类的命运永远维系在这么小的球体上。

　　暂且不考虑人类面临的这些威胁。从古至今，探索浩瀚的太空是人类共同的梦想。宇宙究竟有多大？宇宙是如何起源的？人类是如何起源的？有没有外星人？这一连串的问题，吸引着我们"飞"向太空。

　　俗话说"朝霞不出门，晚霞行千里"。出门远行，要先看看天气如何。在进入太空之前，请先看看空间天气如何。因为太空并不空。那里有强烈的 X 射线，有可怕的紫外线辐射，有以接近光速运行的高能粒子，有比子弹还厉害万倍的空间碎片，凶险异常。从 1957 年苏联发射第一颗人造地球卫星开始，人类已经将 6000 多个航天器送入太空。尽管很多航天器都针对空间环境采取了严密的防护措施，但各种异常事件还是频频发生。深层充电、碎片撞击、氧原子剥蚀、单粒子翻转、电弧放电等，是航天器常常遇到的问题。不少卫星因为恶劣的空间天气而损毁。对美国国家航空航天局和美国空军发射的航天器的研究表明，大约有 20％—25％ 的航天器故障与空间天气有关。所以，空间环境和空间天气是航天器设计、运行必须考虑的重要因素。

　　抛开太空旅行不说，人类的生产生活也受到来自空间天气的影响。人们日常使用的无线电通信、卫星导航往往依赖无线电波在电离层中的传播或者反射。太阳活动导致的电离层扰动必然会影响电波的传播和反射特性，影响无线电通信信号的稳定性和可使用的频带宽度，影响卫星导航的精度，甚至可能导致通信和导航设施失效。可以想象，在自动驾驶技术普及的将来，交通事故的罪魁祸首或许就是灾害性空间天气。

1989年的"魁北克事件"，太阳活动所导致的感应电流致使变电站被烧毁，600万人被寒冷和黑暗折磨了9小时，造成几千万美元的损失。1859年，发生了一次太阳风暴，是一名叫卡林顿的科学家首先观测到的，故名"卡林顿事件"。这次事件的影响是"北半球的电报系统几乎完全瘫痪"，它的强度是1989年那次太阳风暴的3倍。而最近科学家发现近10000年以来最强的太阳风暴发生在我国唐朝时期，其强度是"卡林顿事件"的2倍，是"魁北克事件"的6倍。可这样一次超强的太阳风暴，仅仅在《旧唐书》里找到了几十个字的记载："东方月上有白气十余道，如匹帛……三更后方散。"这里说的白气就是极光。在长安城里看到极光当然是破天荒的事，但其影响无非是让人们感受到凶兆以致恐慌。通过三次事件的对比可以看出，随着高技术系统的应用，空间天气对人类活动的影响越来越深远。如果唐朝的那次太阳风暴发生在今天会怎样？那将可能摧毁许多人造卫星，破坏无数个变电站，使我们的社会陷入极度混乱。这样强度的太阳风暴是不是像行星撞击地球那样罕见呢？不见得。2013年7月22日，美国的卫星捕捉到了一次超级太阳风暴。太阳的巨大能量爆发导致日冕物质以大约每秒3000千米的速度从太阳喷发出来。如果此次爆发的时间提前9天，那么喷发的日冕物质将直接撞击地球，产生的地磁暴强度不亚于"卡林顿事件"。国际空间研究委员会估计，这样一个超级地磁暴造成的损失将高达数万亿美元，社会恢复正常的周期长达4—10年。这一次，地球侥幸躲过了！但如果我们对空间天气不了解，不能很好地规避其影响，人类的文明就只能像三体文明一样在侥幸中喘息。

空间环境监测是了解空间天气的第一步。自从有人类文明以来，立足于地面的地基监测就开始了。近几十年，随着卫星的应用，对空间环境的天基监测也开展得如火如荼。美国、苏联、欧洲、日本等国家和地区发射了大量的卫星，用于空间环境的探测与研究，也部署了复杂的地面观测系统。我国科学家基于我国领土区域特征，结合空间天气现象沿子午线传播发展的特性，创造性地提出了东半球空间环境地基综合监测子午链（简称"子午工程"）：沿东经120°和北纬30°部署地基观测设备，开展对空间环境的连续监测。经过4年多的建设，子午工程于2012年竣工。通过5年多的科学运行，获得了大量的监测数据，为科学研究和空间天气预报业务提供了有力的支撑，取得了可喜的成绩。

子午工程的建成和运行，也使得空间天气的概念越来越为普通民众所熟知，全社会对空间天气的重要性有了更深刻的认识。工程的建设和运行团队抓住一切可能的机会，卓有成效地开展了空间天气科普教育活动。子午工程科学运行中心、数据中心已经成了科普教育的前沿阵地。提出并领导建设子午工程的知名科学家，在一年一度的科普活动周中，面对社会大众开展空间天气专家科普讲座，成效显著。然而，以讲座、参观等形式开展的科普活动参与人数有限，为了激发公众的科学意识，进一步提升公众对空间天气的认知度，我们借浙江教育出版社组织编写"中国大科学装置出版工程"科普丛书的机会，编写了本书。本书对空间天气的基本概念做了简单解释，对子午工程的科学构思、技术实现和运行能力做了较为全面的介绍。空间天气是20世纪90年代提出来的新概念，空间天气学科刚刚起步，还需要一代又一代的科学家去开拓探索。如果本书能吸引一些热爱科研的年轻人加入到我国空间物理、空间天气领域的科研队伍中来，也是一件很有意义的事。

中国科学院国家空间科学中心主任 王赤

2017年12月

> **目录** CONTENTS

第一章

太空并不空

　　仰望夜空，浩渺寂寥的宇宙除了闪闪星光似乎空无一物。其实太空中充满了等离子体、宇宙线、电磁场等物质，以及各种复杂的物理现象。太空并不空。太空也称为"空间"，是指地球低层大气以外的宇宙空间。当然，人类最关心的是空间的特定区域——日地空间。在这里，太阳主宰着一切。

日地空间是人类生存的第四环境

① 绝对的老大

太阳是太阳系的中心天体。其质量约占太阳系总质量的 99.86%；直径大约是 139 万千米，相当于地球直径的 109 倍；体积大约是地球的 130 万倍。地球之于太阳，就像大鲸鱼身边的小虾米。太阳的任何一个小动作，都可能在地球上掀起一场风暴。

图 1-1 太阳系示意图（非真实比例）

从化学组成来看，太阳质量的大约四分之三是氢，剩下的几乎都是氦，氧、碳、氖、铁和其他的重元素质量少于 2%。实际上，整个宇宙大部分物质都以氢和氦的形式存在。如果人们能在太空中呼吸，吸入胸腔的几乎全是氢。

太阳到地球的距离达 1.5 亿千米之遥，观测它的表面尚且有困难，要弄清它的内部结构就更难了。目前，人们所获得的关于太

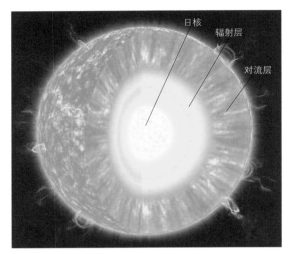

图1-2　太阳的分层结构示意图

阳内部结构的知识，主要根据对其表面的观测结果和理论模型而得出。依据理论模型，太阳内部可以分成三个主要区域：日核、辐射层和对流层。再往外就是由光球层、色球层和日冕层组成的太阳大气。

日核是太阳的"心脏"，厚度约为太阳半径的四分之一。太阳的能量都在日核中产生。在那里，温度高达1500万摄氏度，密度达151克每立方厘米（地球表面铁的密度为7.9克每立方厘米），因而不断地发生核聚变反应。主要的核反应过程是氢聚变形成氦。

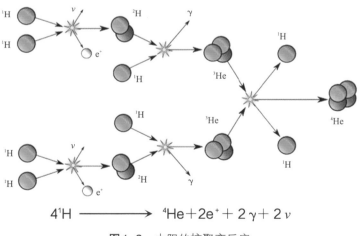

$$4\,^1H \longrightarrow \,^4He + 2e^+ + 2\gamma + 2\nu$$

图1-3　太阳的核聚变反应

◇ 4个氢（H）原子聚合到一起，变成1个氦（He）原子、2个正电子（e^+）、2个伽马粒子（γ）、2个中微子（ν）。

📖 知识链接

● **核聚变** 原子由原子核和围绕原子核运动的电子组成。在极高的温度和压力下，原子核外的电子将摆脱原子核的束缚，两个原子核由于运动速度极大而碰撞到一起，形成质量更大的原子核。这就是核聚变反应。

由于重力的压缩作用，太阳中心的密度和温度都非常高，为核聚变反应创造了条件。实际上，宇宙中所有发光的恒星都在不停地进行着核聚变反应。在实践中人们也掌握了核聚变的方法，威力巨大的氢弹就是一个例子。但可控的核聚变还是一个世界性难题，如果得以攻克，将有可能最终解决人类的能源短缺问题。

从日核往外是辐射层，其外半径约为太阳半径的86%。在日核中产生的能量以光子的形式向外传播。由于辐射层的密度很大，光子在传输过程中要经过无数次碰撞、弹跳，因此光子要用大约100万年才能到达辐射层的顶部。

对流层从大约20万千米的深度一直到可见的太阳表面。在对流层底部，温度大约为200万摄氏度；而在对流层顶部，温度下降到5000多摄氏度。于是，底部的高温气体上升，到顶部时温度逐渐降低，气体又开始下落，这样就形成了强烈的对流运动，就像一锅从底部加热的翻滚的开水。

图1-4 上下温度差异引起的对流运动

　　光球层是位于对流层之上的一个薄层，只有几百千米厚。如果将太阳缩小成鸡蛋那么大，光球层的厚度还不到鸡蛋壳厚度的十分之一。但太阳在可见光波段的辐射，几乎全部是光球层发射的。因此，我们可以说，是光球层照亮了世界。当我们用肉眼观察太阳时，看到的明亮的日轮就是这个球层。

　　色球层是光球层外面的不规则层，大约2500千米厚。在这里，温度从大约6000摄氏度升到20000摄氏度。高温稀薄的色球层气体会产生特殊的辐射谱线，如色球层的红色光来自氢元素在6563埃（1埃＝10^{-10}米）波长的发射。

　　日冕层是太阳大气的最外层。它从色球层外，直至几个太阳半径甚至更远，由温度达上百万摄氏度的很稀薄的等离子体（由带正电的离子和带负电的电子组成的整体上呈电中性的物质称为等离子体）组成。

　　由于色球层和日冕层的亮度非常低，因此人们用肉眼难以观察到。在日全食时，月球遮挡了太阳光球层，色球层变得可见。科学观测所用的日冕仪就是利用特殊装置遮挡光球层的辐射而对日冕层进行观测的。不仅如此，色球层和日冕层的辐射随波长的分布与光球层的白光（各种颜色的光混合而成）有很大差别。如色球层往往在一些孤立的波长发射较强，形成所谓的发射线。所以色球层观测仪一般利用这些发射线进行单色光观测。日冕层辐射覆盖了从X射线到无线电波的整个电磁波谱段。在远紫外线和X射线波段，日冕层辐射强于光球层和色球层，成为主要的发射源。

图1-5　日全食时拍摄的太阳色球层

② 变化多端的太阳

图1-6 作为万物之母的太阳

　　自古以来，太阳被讴歌为万物之母：她是宁静的，温暖又慈祥。初看起来，太阳表面光亮无瑕，而且日复一日、年复一年，几乎没有任何变化。实际上，太阳并不"完美"，在高分辨率的望远镜里，太阳表面就像沸腾的开水一样，存在许多对流元胞，太阳黑子也会一一显现。如果在特定波段为太阳拍照，耀斑、日珥、日冕物质抛射等现象将充满整个画面，太阳将露出它多变的面貌。

　　太阳黑子是太阳表面的黑色斑点，它们是太阳活动最显著的可见特征（特定条件下肉眼可见）。实际上，太阳黑子只是比太阳表面其他区域稍暗一些，它们是光球层温度较低的区域。在黑子的中心最暗区域，磁场最强，达到2000—3000高斯（地球表面的磁场不到1高斯），温度大约为4500摄氏度，因而与背景相比较暗

图1-7　太阳黑子

图1-8　耀斑（太阳表面亮度增强的区域）

（光球层温度约6000摄氏度）。黑子的直径从3600千米到50000千米不等，大的黑子有地球那么大，特大黑子的直径是地球直径的几倍。

耀斑是太阳局部突然的、快速的、强烈的亮度增强现象。当太阳大气层中的能量积聚到一定程度时（在爆发前能量受到磁场的约束），会突然以电磁辐射的形式释放出来。辐射的波谱从长波射电一直到可见光、X射线和γ射线。一个耀斑所释放出的能量相当于百万个亿万吨级的氢弹同时爆炸所释放的能量之和。根据释放能量的大小，耀斑可分成三种类型：X型（大）、M型（中）、C型（小）。几乎每天都有耀斑发生，X型耀斑平均每年会发生十几次。

在日全食时，太阳的周围镶着一个红色的环圈，上面跳动着鲜红的火舌，这种火舌状的物体就是日珥。日珥是太阳的色球层上产生的一种非常强烈的太阳活动现象。大的日珥高出日面几十万千米，还有无数被称为针状体的小日珥，高9000多千米、宽约1000千米，平均寿命5分钟。日珥的形状变化万千，有的像浮云，有的似喷泉，还有的呈圆环、拱桥、火舌、篱笆等形状。

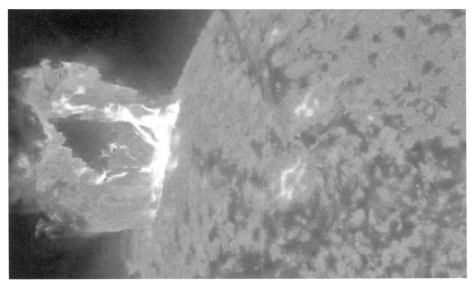

图1-9 日珥

日冕物质抛射是日冕层中的物质瞬时向外膨胀或向外喷射的现象。抛射出来的物质主要是由电子和质子组成的等离子体，伴随着太阳的磁场。大的日冕物质抛射可含有100亿吨等离子体，这些物质被加速到每秒几百甚至上千千米。部分日冕物质抛射沿着太阳和地球的连线抛向地球，是导致灾害性空间天气的主要因素之一。

图1-10 日冕物质抛射（左下角方向）

太阳黑子、耀斑、日珥、日冕物质抛射等现象往往相伴而生，互相交织在一起，构成非常复杂的太阳活动场景。它们出现频率的高低都可以作为衡量太阳活动程度的指标。特别是太阳黑子数，由于观测历史悠久，是最常用的太阳活动指标。黑子数量越多，表明太阳活动越强烈。

黑子数的变化存在11年左右的周期性，也就是太阳活动周。最初，太阳表面有很少的黑子或没有黑子；后来，少量的黑子出现在太阳纬度30°—40°的区域；随着太阳活动周发展，黑子数增加，黑子形态变得复杂，并往太阳赤道区域转移；太阳黑子数达到最大值以后，又逐渐减少，如此循环往复。除了以太阳黑子数为标志的11周年变化外，太阳磁场还存在22年的周期变化，每11年其南北磁极会发生翻转。从更小的时间尺度看，太阳还具有25天的自转周期，其表面的各种活动区会周期性地对准地球，使得在地球上看到的太阳活动更为复杂多变。

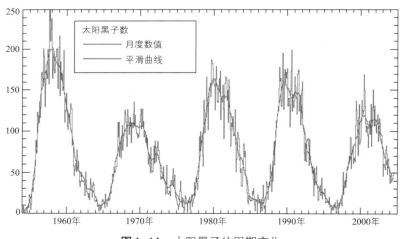

图1-11 太阳黑子的周期变化

③ 源于太阳的风

无论彗星是朝向太阳运动，还是远离太阳而去，它的尾巴总是指向远离太阳的方向，这是一个显而易见的现象。我国古代的人们认为，是太阳的气将彗尾吹向背离太阳的方向。这可以算是对太阳风的最早的、最朴素的猜想。

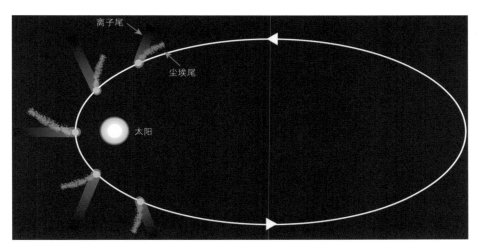

图1-12 背离太阳的彗尾

到了20世纪30年代，科学家已经知道太阳日冕层的温度高达几百万摄氏度。在50年代，英国物理学家西德尼·查普曼（Sidney Chapman）通过计算发现，高温日冕会延伸到地球轨道以外的空间中。同期，德国科学家路德维希·比尔曼（Ludwig Biermann）提出，是太阳吹出来的稳定的风压迫彗尾产生了彗尾逆阳的现象。后来，美国科学家尤金·帕克（E. N. Parker）意识到查普曼和比尔曼所说的可能是同一种现象。1958年，他发表了自己的研究结果，证明即使日冕被强烈的太阳引力束缚，在日冕外层的太阳大气也会逃逸到空间中，形成太阳风。

太阳风的概念起初并不为学术界所接受，因为在那以前，大家都认为行星际空间是空无一物的。1959年1月，苏联卫星"月球1号"第一次直接观察到了太阳风，并对其强度进行了测量。这次发现永远地改变了科学家对行星际空间的看法，很多现象（如磁暴、极光和其他一些空间物理现象）也得到了很好的解释。

太阳风由带正电的质子、氦原子核和带负电的电子组成，其密度非常低，每立方厘米内只有几个带电粒子；但速度非常大，可达上千千米每秒。太阳风还携带着从太阳发出的磁场，这种磁场也叫行星际磁场。裹挟着磁场的太阳风粒子流来到地球附近，会与地球本身的磁场以及其中的等离子体产生强烈的作用。在昼半球将压缩地球磁场，而在夜半球将拉伸地球磁场，形成基本的地球磁层形态。类似于彗星的尾巴，在太阳风的吹袭下，地球磁层的尾巴（磁尾）也总是背离太阳的。

图1-13 吹向地球的太阳风

当然，地球只是"沐浴"在太阳风中的一个小球而已。从地球轨道"呼啸"而过，太阳风继续前行，经过火星、木星、土星、天王星、海王星，直到被银河系的星际介质所淹没。太阳风所到之处，都是太阳的领地，这个区域称为日球层。

理论上预测，日球层同样会有一条长长的尾巴，这是由于太阳系相对星际介质运动而形成的。据估计，日球层边界离太阳最近的距离也有50个天文单位（1个天文单位为太阳到地球的平均距离，约为1.5亿千米）。在这么大的范围内，小小的地球只是沧海

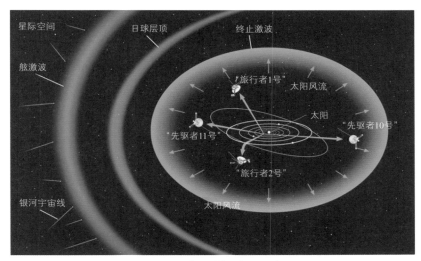

图1-14 太阳的领地：日球层

一粟。2012年，"旅行者1号"飞船突然检测到粒子（异常宇宙线）通量快速下降。据此，科学家认为飞船穿越了日球层的边界。自1977年发射，"旅行者1号"足足用了35年的时间才驶出太阳风的势力范围。

4　快步宇宙的粒子

　　高能粒子作为现代粒子散射实验中的"炮弹"，是研究物质微观结构最有力的工具之一。世界上许多国家耗费巨资建造加速器装置，目的就是要得到速度极大的粒子。而在太空这个天然实验室里，接近光速飞行的高能粒子却随处可见。太空中这种接近光速飞行的高能粒子也叫宇宙线。根据来源不同，宇宙线可分为银河宇宙线和太阳宇宙线。

　　银河宇宙线是来自太阳系以外的高能粒子，大部分是质子（约占87%）和α粒子（一种氦原子核，约占12%）。它们在行星际空间运动时，受到行星际磁场施加的洛伦兹力的作用而发生偏转。

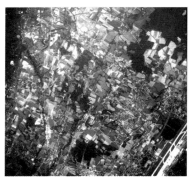

图1-15 欧洲大型强子对撞机加速器

◇ 位于瑞士和法国边境地下100米深的环形隧道中，全长达27千米。

当磁场增强时，速度较小的银河宇宙线就难以到达地球附近。所以在地球上观测到的银河宇宙线的变化明显受到太阳活动的控制，特别是银河宇宙线中较低能的粒子。在太阳活动增强期间，地球上所接收到的宇宙线粒子通量显著下降，即出现了科学家所说的福布斯下降现象。

太阳宇宙线是太阳爆发期间从太阳表面喷射出来的高能粒子流。太阳宇宙线的主要成分是质子和电子，也包括少量其他核成分。太阳宇宙线的发生是随机的，在太阳活动高年出现更频繁，主要出现在耀斑发生期间。太阳宇宙线在耀斑爆发后几小时即可到达地球轨道，导致地球周围的粒子通量增加几百倍，形成太阳质子事件。

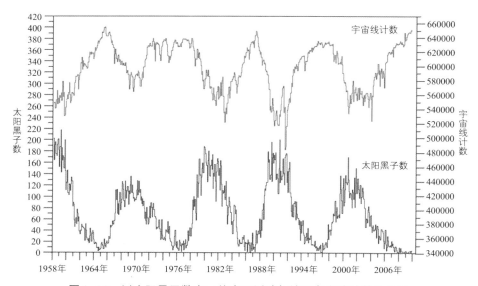

图1-16 以太阳黑子数表示的太阳活动与地面宇宙线计数的关系

宇宙线对航天器和宇航员来说是一个很大的威胁，甚至会威胁到飞越南北极地区的机组成员和乘客的安全。它们在大气中沉积的能量会使大气发生电离。在10000多千米的高空，有一个高能粒子聚集的区域，叫内辐射带，主要就是由宇宙线撞击大气产生的中子衰变而形成的。所以宇宙线在空间环境中扮演了很重要的角色。有科学家表示，宇宙线通过对云的形成过程施加影响，最终导致全球气候变化。研究表明，近100多年以来宇宙线计数与全球变暖呈现出相反的变化趋势。

图1-17 宇宙线计数与全球变暖之间的关系

宇宙线的能量通常用兆电子伏特或吉电子伏特来度量（1电子伏特是指一个电子在通过1伏特电势降时被加速所获得的动能。1兆电子伏特＝10^6电子伏特，1吉电子伏特＝10^9电子伏特）。多数银河宇宙线的能量在100兆电子伏特（运动速度达到光速的43%）到10吉电子伏特（运动速度达到光速的99.6%）之间。宇宙线如何被加速到具有这么高的能量，尤其是超高的能量范围，是一个尚未解决的课题。目前比较受重视的解释机制有两种：一种是意大利科学家费米（Fermi）提出的费米加速；另一种是瑞典科学家阿尔芬（Alfven）提出的磁泵理论。

> 📖 **知识链接**
>
> • **费米加速**　由于受到垂直于磁场方向的洛伦兹力的作用，带电粒子在磁场中主要围绕磁感线做圆周运动。在平行磁场的方向由于不受力，粒子可以自由地移动。如果磁场的结构刚好是两头磁场强、中间磁场弱，带电粒子在洛伦兹力的作用下，除了做圆周运动外，还会沿磁感线来回振荡，就像被关在一个瓶子里的蜜蜂一样来回"乱撞"。粒子改变运动方向的那一点叫作磁镜。若两个磁镜做互相靠拢的运动，其产生的感应电场将会加速其中的带电粒子。这就是费米加速的基本原理，与做相向运动的两堵墙之间弹跳的乒乓球被加速有异曲同工之妙。

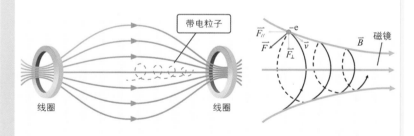

图 1-18　带电粒子在磁瓶中的运动

⑤   来自邻居的干扰

地球空间环境主要受太阳影响，但是其他行星对地球的影响也不能忽视。行星通过引力和电磁相互作用对地球施加影响，其中作为行星"老大哥"的木星对地球的影响最大。

图1-19   太阳系八大行星的大小对比

在太阳系八大行星中，木星是体积最大、自转最快的。其质量约是地球质量的318倍，约是太阳系其他七大行星质量总和的2.5倍。木星赤道上的自转速度可达4.53万千米每小时，自转一圈只需10小时。

尽管木星与地球的最近距离达数亿千米，但这颗气态巨行星的引力非常大，能够牵引太阳系中包括地球在内的其他行星。木星可以通过牵引地球使之接近或远离太阳，导致地球气候发生变化。

木星的快速旋转也使得木星拥有太阳系内最强大的磁场。在木星云层之下是一个巨大的由液态金属氢（氢在上百万个标准大

图1-20　木星极光

气压的高压下会变成导电体）组成的海洋，随着木星的转动，液态的金属海洋制造了比地磁场强2万多倍的大磁场。在这个磁场中，大量带电粒子被加速到具有很高的能量。这些带电粒子与木星大气相互作用，在木星的两极形成了强烈的极光现象。

　　木星和地球一样"沐浴"在太阳风中，其磁场也常常跟太阳的磁场连接到一起。如果地球正好与木星处于同一束太阳磁感线上，木星所产生的高能带电粒子（主要是电子）就会像念珠顺着绳索滑动一样沿着太阳磁感线到达地球附近，对地球空间环境造成显著影响。当然，木星也以同样的方式影响着太阳系的其他行星。

◇ 行星际磁场和太阳风沿着以太阳为源点的螺旋线分布，就像旋转的水龙头里喷出的水流一样。

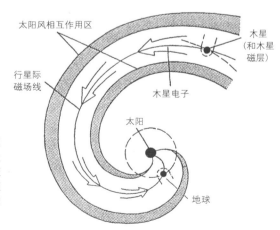

图1-21　木星电子进入地球空间的途径

⑥ 太空中的冰雹

　　除了太阳、八大行星及其卫星、小行星、彗星外，在行星际空间还存在着大量的尘埃微粒和极大的固体，它们也绕着太阳运动。在接近地球时，地球引力使它们的轨道发生改变，它们就有可能进入地球大气层。这些尘埃微粒或大固体与地球相对运动速度很大，可达11—72千米每秒，它们与大气分子发生剧烈摩擦而燃烧发光，在夜间天空中表现为一条条光迹，这种现象就叫流星。流星一般出现在距地面高度为80—120千米的高空中。造成流星现象的微粒或固体称为流星体。比绿豆大一点的流星体进入大气层就能形成肉眼可见亮度的流星。

　　大部分流星体在进入大气层后都燃烧殆尽，只有少数大而结构坚实的流星体才能因燃烧未尽而有剩余固体物质降落到地面，这就是陨星。根据化学成分的不同，陨星可分为陨石、陨铁和陨铁石三种。1976年3月8日落入我国吉林的陨石重达1779千克，是世界上最重的陨石。世界上最重的陨铁重约60吨，在纳米比亚境内。我国

图1-22　吉林大陨石

新疆大陨铁重30吨，名列世界第三。每天坠入地球大气层内的流星数量之多简直令人难以置信：质量在1克以上的有2万多颗，质量大到足以发出人眼可见光的流星有2亿多颗，更小的流星有几十亿颗。能落到地面的陨星每年多达500颗，人们一般只能找到20多颗。目前世界上已发现的陨星共约1700颗。卫星测量表明，每天约有3000吨流星体进入地球大气层。这不亚于一场狂暴的冰雹。

当地球运转到彗星的轨道附近时，在地球引力的作用下，彗星留在轨道上的大量尘埃和碎片高速进入地球大气层，导致短时间内在天空特定方向出现大量的流星，我们把这种现象称为流星雨，并以流星出现方位的星座为流星雨命名，如出现在狮子座方位的就叫作狮子座流星雨。

图1-23　发生于2001年的狮子座流星雨

地球围绕太阳做周期性运动，每年与特定彗星轨道相遇的时间是确定的，如穿过坦普坦特（Tempel-Tuttle）彗星轨道的时间在每年的11月14日至21日，在这期间看到的流星雨就是狮子座流星雨；而英仙座流星雨则在每年7月20日至8月20日出现。

⑦ 占据要津的垃圾

根据第六次欧洲太空碎片会议公布的结果，自从1957年10月4日苏联发射第一颗人造地球卫星以来，人类已进行了4900多次太空发射，导致现今太空中有约2.2万个可观测到的、直径大于10厘米的固体。在这些固体中，大约有1000个是正在运行的航天器，其余的都是太空碎片，即没有任何用处的物体。此外，估计在地球轨道约有70万个大于1厘米的碎片，约有1.7亿个大于1毫米的碎片。这些空间碎片也称轨道碎片、太空碎片或太空垃圾。

由于这些碎片相对于航天器的速度非常大，因此即使1厘米大小的碎片也会严重地损坏航天器，或者使之不能正常运行；大于10厘米的碎片与航天器碰撞，将导致航天器产生灾难性的破裂，并释放出碎片云。这些碎片可能再次发生灾难性碰撞，使某些轨道产生非常严重的碎片污染。

更要命的是，太空垃圾在空间中不是均匀分布的。因为它们本身就是人类空间活动所产生的，所以多分布在空间活动的重要区域，如5000千米以下的低地球轨道区域和36000千米高度附近的地球同步轨道区域。可以说，个个占据要津。这就使得空间活动遭遇太空碎片的风险大大增加。两颗卫星在太空中相撞，这种令人难以置信的事情在2009年2月10日发生了。美国的铱星与俄罗斯的一颗发射于1993年、当时已经废弃的卫星在太空中相撞，又产生了大量的太空垃圾，威胁到国际空间站的安全。有科学家估计，若不加以有效控制，到2030年，任何航天器很可能都无法安全进入太空。

图1-24　低地球轨道上的空间碎片

图1-25　地球同步轨道上的空间碎片

　　为了增加对太空碎片环境的了解，评估其风险，降低其增长速度，我们需要对太空碎片在地球空间的分布进行探测，从而为建模和预报打下基础。

8　地球的盔甲

　　月球上的资源非常丰富，特别是地球上稀缺的氦-3在月球上的储量足以支持全世界上万年的核电需求。这得益于太阳风对月球的直接吹袭。因为没有大气，也几乎没有磁场（其磁场非常弱），月球完全裸露在太阳风中。这使得太阳风中的氦元素大量地"沉积"在月球表面。但月球并不适合人类生存，除了没有生物赖以存活的氧气和水外，它完全暴露在太阳风中也是一个重要的制约因素。而地球则不同，它所拥有的磁场、大气就像坚固的盔甲一样，将太阳风、宇宙线阻挡在外边，从而保护了人类的安全。

图1-26　毫无生机的月球（上）与绿意盎然的地球（下）

（1）磁层

带电粒子射入磁场中，运动方向会发生偏转（洛伦兹力的作用结果），甚至会被弹回来。太阳风裹挟着各类高能宇宙线粒子像雨点般砸向地球，但能到达地球表面的粒子却寥寥无几。这都得益于地磁场对太阳风和宇宙线粒子的阻挡和偏转作用。

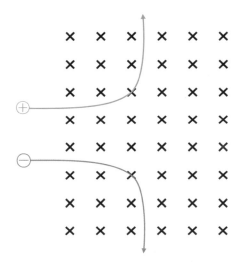

◇ 磁场垂直纸面向里。

图1-27 磁场对带电粒子的偏转作用

在地磁场的阻碍下，太阳风绕过地磁场，继续向前运动，于是形成了一个被太阳风包围的、彗星状的地球磁场区域，这就是地球磁层（magnetoshere）。一般认为，地球磁层始于地表以上约1000千米处，向空间延伸到磁层边缘。在地磁场的压力（可以理解为磁场对带电粒子的阻挡能力）与太阳风的压力（主要由太阳风中粒子的一致运动所引起，就像施加在船帆上的风的压力一样）相平衡处形成一个薄薄的边界层，就是地球磁层的边界，称为磁层顶。在昼半球，太阳风压缩地磁场，磁层顶的高度大约为10个地球半径（地球半径约为6400千米）；而在夜半球，太阳风拉伸地磁场，使其向背着太阳一面的空间延伸到几百个地球半径，形成一条长长的尾巴，称为磁尾。

磁层中的物质是完全电离的，电子和离子的运动主要由磁场控制，这也是这个区域被称为磁层的原因。磁层非常稀薄，带电粒子的密度非常低，通常在1立方厘米的体积内不到一个粒子。极低的密度决定了粒子之间的碰撞频率非常低，可以近似认为是无碰撞的。这也是磁层区别于下面将要谈到的电离层、中高层大气的主要因素。当然，带电粒子可以通过电场力发生"远距离"的相互作用，那另当别论。

磁层有效地阻止了太阳风对地球的"入侵"，但绝不是说磁层是完全封闭的。磁场约束粒子，粒子的运动又产生新的磁场，还有电场的参与，磁层中发生的现象相当丰富和复杂，磁层的结构也复杂多变。太阳风的物质和能量总能透过某些"窗口"（如南北极地区）进入地球空间，对地球空间造成扰动，形成地磁场扰动、辐射带粒子通量增大、极光增强等现象。这种扰动增强到一定程度，就会形成磁暴。

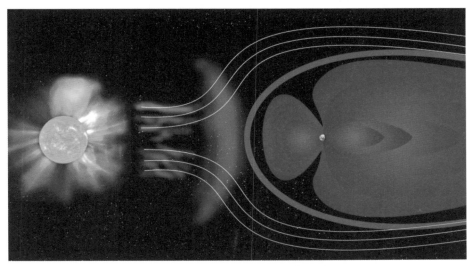

图1-28 地球磁层阻止太阳风长驱直入

地磁场保护我们免受宇宙线和太阳风带电粒子的冲击，但这个保护神似乎正在离我们远去。有研究表明，地磁场在过去200年中减弱了15%。欧洲空间局（European Space Agency，ESA，下文简称"欧空局"）发射的SWARM卫星对地磁场的变化开展探测。卫星的测量证实了地磁场正在逐渐减弱，且西半球的减弱程度最为严重。如果这种趋势延续，地磁场终将消失，人类是否需要考虑移居别的星球呢？

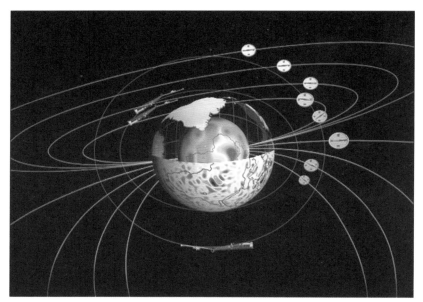

图1-29　根据SWARM数据构建的地壳和地核的磁场模型

（2）电离层

通常将高度60千米以上、1000千米以下的大气层称为电离层（ionosphere）。这里离子的密度远比地球磁层大，能达到10^5—10^6个每立方厘米。这个区域的地球大气因吸收太阳紫外线及软X射线而电离，形成自由电子和离子，但仍然有相当多的中性大气分子和原子未被电离（即使在电子密度最大的区域，电离成分的密度也仅仅是中性成分的千分之一）。在这里，电子和离子的运动除部分受地磁场约束之外，还因碰撞而显著地受中性大气成分所影响。电离层以上完全电离的大气区域就是磁层。

📖 知识链接

● **光致电离** 中性的原子或分子在受到碰撞时可能会失去一个电子，形成自由电子和离子，这个过程叫电离。如果是受到光子的碰撞而发生电离，那就是光致电离。

光致电离发生的条件是光子的能量大于原子或分子的电离能。根据普朗克定律，光子的能量越大，对应的频率就越高。所以对大气电离最为有效的是太阳光中的高频部分，主要是紫外线和软X射线。

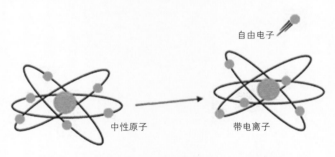

图1-30 原子失去电子变成自由电子和离子

大气密度（气压）随高度的增加而减小。上层大气由于过于稀薄，可供电离的分子和原子不多；而下层大气虽然密度很大，但紫外线大多已经被上层大气吸收了，所以电离反应也比较弱，反而因碰撞而导致的复合反应（电子和离子重新结合到一起形成不带电的原子或分子）却很强。最终的结果是电子密度在某个高度达到最大值。电子密度最大的高度附近的电离层叫F层，这里的电子密度对无线电波的传播至关重要。朝电离层发射一束无线电波，如果电波频率很高，它将穿透电离层传向太空；而如果频率低于某个频率，电波将被反射回地面。这个门槛频率就是由F层电子密度决定的电离层临界频率。人们正是利用电离层可以反射无

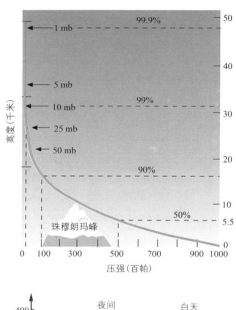

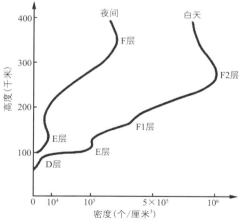

图1-31　大气压强（上）与电子密度（下）随高度的变化而变化

线电波的特点进行远距离无线电波通信的。1901 年，马可尼（Guglielmo Marconi）实现了横跨大西洋的无线电波通信。当时很多人觉得不可思议。因为从大西洋的一边根本就看不到对岸。随后科学家提出了电离层的概念，用来解释这种超视距的无线电波通信。

与太阳辐射强度直接相关，电离层的电子密度呈现出白天高、夜晚低，低纬度地区高、高纬度地区低的分布特点。但由于受到大气中的中性风、电场、磁场等因素的影响，电离层的电子密度的分布和变化实际上非常复杂。

（3）中高层大气

地球大气分层的主要依据是大气温度随高度变化的特性。接近地面的大气主要受到地球表面热辐射的影响，所以温度随高度的增加而降低。这个区域存在强烈的大气对流活动，被称为对流层。对流层的厚度在赤道地区约 17—18 千米，在两极地区约 8 千米。对流层集中了约 75% 的大气质量和约 90% 的水汽，伴随强烈的对流运动，产生水相变化，形成云、雨、雪等复杂的天气现象，和人类关系最为密切。

对流层以上的大气层总称为中高层大气，包括平流层、中间层、热层。从对流层顶至约 50 千米高度的大气层称平流层。平流层的下层随高度增加，气温变化很小。在 20 千米以上，气温随高度增加而显著升高。这是因为该区域丰富的臭氧吸收大量太阳紫外线，从而使气温升高，并大致在 50 千米高度形成温度峰值。由于上层热、下层冷，平流层内对流活动十分微弱，大气多做水平运动，并且水汽、尘埃含量极小，是民用飞机的理想飞行区域。中间层是从平流层顶至约 80 千米高度的大气区域。因为该层臭氧含量极少，不能有效吸收紫外线，而氮、氧能吸收的短波辐射又大部分被上层大气所吸收，所以气温随高度增加而递减。热层是中间层顶至300—500千米高度的大气层。这一层大气密度很小，气温随高度的增加迅速升高。据探测，在300千米高度，气温可达1000摄氏度以上。这是由于该层的大气物质吸收了所有波长小于0.175微米的太阳紫外线辐射从而升温。

对流层与平流层基本都是中性气体，也就是说，这部分大气是不带电的。平流层以外的大气，电离比例随高度的增加而急剧

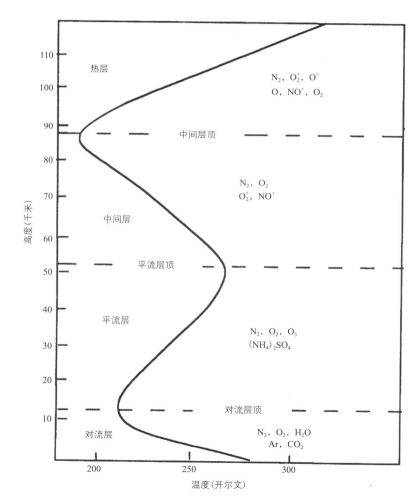

图1-32 大气分层（温度、成分随高度的变化而变化）

图1-33　平流层是理想的飞行区域

增大。特别是热层中的空气处于高度电离状态。实际上，中高层大气与电离层的高度范围在很大程度上是重合的，只是两个定义所关注的问题不同而已。

也可按大气成分随高度分布特征，将大气分为均匀层和非均匀层。这种划分以距海平面80千米的高度为界限。在此高度以下的均匀层，大气各成分所占的体积百分比基本不变，平均相对分子质量为一常数。而在非均匀层中，不同大气成分的体积百分比随高度的变化而变化，随着高度增加，比较轻的气体如氧原子（O）、氦原子（He）、氢原子（H）等越来越多，大气不再是均匀的混合物。

中高层大气是与人类生存环境关系极为密切又易受太阳活动影响的区域，起到承上启下的重要作用。对中高层大气的探测和研究，在日地关系研究中占有特殊的地位。

　　磁层、电离层、中高层大气作为地球的"盔甲",阻挡了太阳风、宇宙线、紫外线对地球的"入侵",同样也构成了人类活动(特别是空间活动)所依存的基本环境——地球空间环境,是日地空间中人们最为关注的区域。

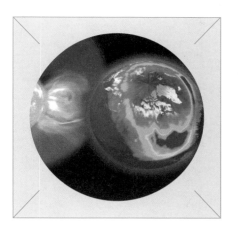

第二章

不一样的

天气

　　细心的人在出行前都要看看天气如何。太空时代的人们从火星坐飞船返回地球，要不要先看看"天气"？答案是肯定的。不过，此"天气"非彼天气。空间天气指的是空间环境的变化，它涉及空间等离子体、磁场和辐射等现象。随着科学技术的进步，空间天气与人类生产、生活的关系正变得越来越密切。

扫码看视频

空间天气对人类活动产生广泛影响

① 看得见的表演

日常所说的风、霜、雨、雪等天气现象，都是人们能直观感受到、看得见、摸得着的。而空间天气现象大多发生在离我们很远的高空，看不见，也听不到。虽然对人类生产生活的影响每时每刻都在发生，但空间天气现象给人的感觉是来无影去无踪。不过，也有例外，极光就是空间天气为我们上演的精彩剧目。

图2-1 变幻莫测的极光

极光是常常出现于高纬度地区上空大气中的彩色发光现象。出现在南极的称为南极光，出现在北极的称为北极光。极光多种多样，五彩缤纷，形态不一，可呈带状、弧状、幕状、放射状，有时稳定，有时做连续性变化；有的像宽阔的幕帘，有的像舞动的游蛇，有的像跳跃的火焰，有的像四散的百褶裙。极光给人的印象总是绚丽多彩，变幻莫测。

长久以来，极光一直是人们猜测和探索的天象之谜。由于缺乏科学知识，在很长的时间里，人们对极光的解释近乎荒诞。有人认为，极光是地球外面燃起的大火，因为北极区临近地球的边缘，所以能看到这种大火；也有人认为，极光是夕阳西沉以后，透射反照出来的辉光。

图2-2 当时的人们对发生于1570年1月12日的极光所作的画

今天，我们已经可以运用科学知识来解释极光现象。极光是太阳风中的高能带电粒子流闯入地球高层大气，和地球大气中的分子或原子碰撞而产生的发光过程。来自太阳活动的高能粒子运动到地球附近的时候，一般会被地磁场所阻挡，但地磁场在南北极具有特殊的结构，通过与太阳风中的磁场相互连接，形成开放

📖 知识链接

● **极光趣事**　变幻莫测的极光有时也会给极区和高纬度地区的民众带来困惑。某些极光由于发出的光太红、太亮，被误认为是发生了火灾。下面列举一些关于极光的有趣故事，这些故事曾刊登在当时的新闻媒体上。

1918年3月9日极光，人们以为是德军轰炸伦敦引起的熊熊大火。

1926年3月9日极光，奥地利萨尔茨堡市的消防队被派出去扑灭"大火"，居民认为整个城市在熊熊燃烧。

1927年2月25日极光，瑞士日内瓦的居民要求消防队去扑灭"大火"。

1938年1月25日极光，极光非常壮观，整个欧洲一直到大洋洲都看得到。在百慕大，许多人以为海上的船只失火，汽船协会开始检查电报，看是否有人发出过紧急求助信号。

1941年9月18日极光，有人认为是德国不来梅市因遭到空袭而燃起大火。

的漏斗状。带电粒子顺着磁感线，通过这个"漏斗"，直接砸向极区的高层大气。大气中性分子或原子受到碰撞后吸收部分能量而跃入高能态，当它们从高能态回归低能态时，吸收的能量又以光的形式释放出来，这就形成了极光。当然还有电离等其他一些物理过程也可能产生极光。可见，极光产生的条件有三个：大气、磁场、高能带电粒子，三者缺一不可。极光不只在地球上出现，太阳系内其他一些具有磁场的行星上也有极光，比如木星的极光就比地球极光更加壮丽。

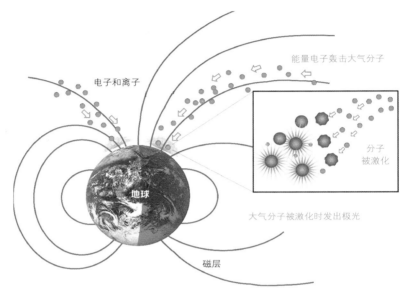

图 2-3　粒子沉降与极光

　　南北极地区的磁感线接近于垂直地面，所以我们看到的极光往往呈现明显的上下条带状结构。大气的成分不同，所发出的光的颜色也不同。比如氮原子发黄光，氧原子发绿光。由于大气成分随高度变化而变化，所以我们看到的不同颜色的光来源于不同的高度。大多数极光来源于80—130千米高度范围。一般只有在纬度大于65°的高纬度地区才可以经常见到极光。当然这个边界也是动态变化的。每当太阳活动强烈时，极光现象会出现在更低的纬度区域，甚至可以到达纬度20°—30°的区域。如前文所述，我国唐朝的人们在长安城里也见过极光。也许是少见多怪，古代关于极光的记载反而多出现在中低纬度地区，高纬度地区的人们对极光早就习以为常了。

　　是不是南北极点附近的极光最强烈呢？答案是否定的。实际上，极光带一般位于纬度65°—70°的范围。靠近南北极点的区域，极光的强度反而减弱了。太阳风粒子的能量与通量（单位时间内通过单位面积的粒子数量）还不足以产生壮观的极光现象。很多粒子通过磁场重联等机制进入地球磁层，在磁层内借助于复杂的电磁扰动而被加速到具有更高的能量，然后沉降到大气中。这个粒子沉降带大体上是地球磁层中最外层

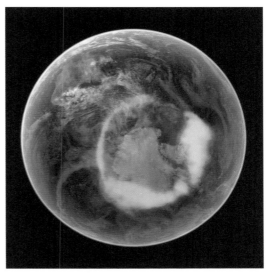

图2-4　极光带分布

的封闭磁感线在两极地区的足点位置，呈椭圆形分布，也就是极光椭圆带。

高能带电粒子在极区大气层中投下的能量，可与全世界发电厂所产生电量的总和相比拟。巨大的能量对大气产生强烈的加热作用，引起各类大气波动现象；碰撞导致的电离作用，使得极区电离层的电子密度大大提高；伴随极光的高空电流，对地面的磁场产生强烈的扰动。这些现象又会通过各种方式传播到中低纬度地区，使得两极成为全球空间天气的重要源区。空间物理学家常常把南北极地区比作两块显示屏，各种空间物理现象都在这里"亮相""表演"，其中最光彩夺目的就是极光。

② 影响就在身边

刮风、下雨等天气现象对人类生产生活的影响是显而易见的。它决定着我们能否外出活动，决定着我们是穿T恤衫还是穿棉

祆，影响着交通安全，影响着粮食收成，等等。空间天气却不同。它指的是磁场的变化、电场的变化、辐射的变化、等离子体的变化等现象，是我们无法直接感知的。但很多现代化的设备却可以真切地感受到这些变化。随着人类社会越来越依赖这些现代化的设备，空间天气跟日常的天气现象一样，深刻地影响着我们的生产生活。通信、广播、导航、航空航天、长距离油气管线、输电网等都有可能受到空间天气的影响。

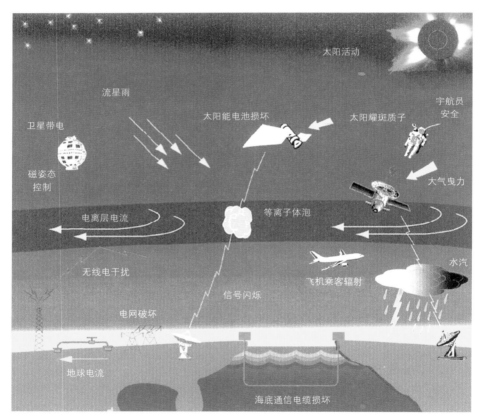

图2-5 空间天气对人类活动的影响示意图

太阳活动产生的高能粒子经过一两天的星际旅行后，与地球邂逅，首先扰乱的是地球的磁场，这时可能会发生地磁暴。人类的身体感受不到地磁暴的影响，但对于能够感觉到磁场的鸟类来说就遭殃了。因为地磁暴的发生，会使鸟类的"导航系统"受到影响。比如信鸽会出现成千上万只一起迷失的现象，驯养信鸽的人会因此蒙受巨大损失。

紧接着，日冕物质抛射产生的高能粒子会影响地球的电离层。电离层因此变得坑洼不平、厚薄不一。全球卫星定位系统的信号会发生剧烈的抖动，严重时影响定位精度，甚至完全失效。

最后，高能粒子与地球的最后一道屏障——大气层相遇。稠密的大气分子与高能粒子发生激烈的碰撞，使得它们的能量和速度极大地衰减，但同时产生了大量的"次级辐射"。这些"次级辐射"粒子可以轻松地穿透飞机座舱，特别是对跨越南北极区飞行的乘客和机组成员造成较地面高十几甚至几百倍的辐射剂量。

（1）空间天气对远距离短波通信和卫星通信的影响

所谓短波，也就是波长在 10—100 米之间的无线电波，对应的频率是 3—30 兆赫兹，基本上低于电离层的临界频率。这类无线电波不能穿透电离层，而会被电离层反射回地面。远距离短波通信就是靠电离层对短波信号的反射来实现的，其通信距离较远，是远程通信的主要手段。这种通信方式肇始于 1901 年马可尼横跨大西洋的通信实验，有着悠久的历史。尽管新型无线电波通信系统不断涌现，但短波通信这一古老的通信方式仍然受到全世界的普遍重视，因为它有着其他通信系统所不具备的优点。特别是在发生战争或者灾难的情况下，其他通信系统容易遭到破坏，但短波通信由于不受网络枢纽的制约，可以幸免于难。

短波通信的最高和最低可用频率取决于电离层的电子密度。电离层的快速变化会导致短波通信信道衰落，甚至引起通信中断。太阳爆发产生的电离层对短波的吸收效应也可能引起短波通信中断。2001 年 4 月发生的强烈太阳活动事件，引发电离层强烈扰

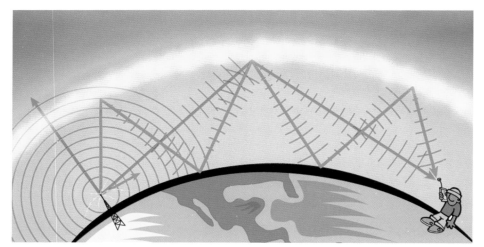

图2-6　电离层与远距离短波通信

动，导致短波通信中断。其间发生了我国一架战斗机不幸被撞毁的事件，电离层扰动对我军的搜救工作产生直接影响。2000年6—7月，受灾害性空间天气影响，我国北方地区新乡至满洲里的短波通信遭受严重干扰，通信中断最长达17小时。这种事件不胜枚举，由此可见电离层天气对短波通信的重要影响。

随着人类进入航天时代，卫星通信成为必不可少的一项技术，如星地之间的所有信息沟通都依赖于卫星通信。2013年6月20日，中国女航天员王亚平向全国的中小学生进行了一场"太空授课"，50多分钟高质量的天地通话展示了我国高水平的卫星通信技术。为了确保卫星通信的质量，电离层的影响是必须要考虑的因素。信号在穿透电离层时，电离层快速随机变化引起的信号闪烁，会导致信噪比下降，误码率上升，严重时使卫星通信链路中断。我国的台湾—广州一线以南的地区属于电离层闪烁的高发区，海事卫星通信在这些地区经常出现中断现象。伊拉克战争中，美军"自相残杀"的误击、误伤事件接连不断。国外有专家指出，除了人为原因外，与空间天气也有一定联系。1989—1990

年，美国在巴拿马的军事行动中多次发生的指挥自动化系统中断事件，也是严重的电离层闪烁导致的。

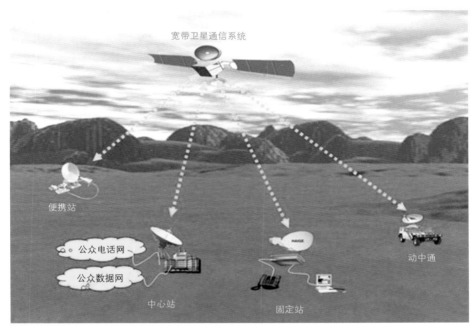

图2-7　宽带卫星通信系统

（2）空间天气对卫星导航的影响

卫星导航的原理是测量导航接收机到多颗卫星的距离，在已知卫星位置的前提下，求解导航接收机的位置。实际上，卫星导航也是一种特定的卫星通信。导航信号穿过电离层产生的误差是重要的误差源之一。因此，电离层的任何扰动都可能对卫星导航系统造成影响。

空间天气灾害事件期间，电离层扰动造成信号的传播时延（无线电波信号在介质中的传播速度比真空中小一些，这就是传播时延）发生变化，而导航系统正是通过信号传播的时延来计算距离的。时延的显著变化会影响系统的定位精度。另外，电离层的

图2-8   卫星导航系统示意图

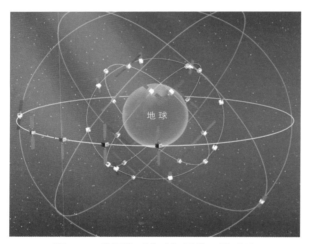

图2-9   我国的"北斗"导航卫星系统

一些密度不均匀的结构会使导航信号像星光一样闪烁，造成信噪比下降。当信噪比小于导航信号接收机设计的最小接收阈值时，就会发生卫星失锁现象，导致接收机无法正常工作。

我国的"北斗二代"系列卫星2009年起进入组网高峰期，预计在2020年左右形成由三十几颗卫星组成的全球导航定位系统。"北斗二代"的导航定位精度优于美国目前的GPS导航系统。然而，电离层扰动可能导致导航定位精度误差高达百米，这在系统的设计和使用过程中应予以充分重视。

此外，对于导弹、卫星和飞船等进行跟踪、测轨和定位的系统而言，电离层扰动会在利用无线电波进行距离测量的过程中引入额外时延，在角度测量过程中引入折射弯曲效应，在速度测量过程中引入电离层附加多普勒频移，在相位测量过程中引入相位超前和相位色散，从而导致系统定位精度降低。

（3）空间天气对输电网络和输油管线的影响

输电网络是现代社会的能源生命线。2008年，我国南方出现了中华人民共和国成立以来罕见的低温、雨雪和冰冻天气，导致电网大面积瘫痪，社会经济生活受到严重影响。迄今为止，这应该是我们对电网故障最深刻的记忆。殊不知，另一个威胁电网安全的"恶魔"正躲在暗处，伺机而动。我们都知道，变化的磁场会产生电场。在灾害性空间天气所导致的磁暴期间，地磁场的剧烈变化会在地表感应出感生电流。感生电流沿着电网的接地线窜入变压器，使其产生半波饱和，严重时可烧毁变压器。

图2-10　电网

作为空间天气影响人类技术系统的经典例证，1989年发生于北美地区的大规模断电事件已为越来越多的科学家和普通民众所熟悉。1989年，正处于第22太阳活动周的峰期。3月13日凌晨，

图2-11　不夜城魁北克

　　一阵光弧之后，路灯黑了，楼宇黑了，夜总会黑了，整个不夜城黑了。施虐的祸首是50年以来第二强的地磁暴。强磁暴产生强大的感应电流，冲击加拿大魁北克水电站的变压器和储能器，使魁北克水电站遭到毁灭性的打击。电网瘫痪，600万居民在寒冷中度过了9小时。虽然我国大部分区域纬度不高，但电网安全也受到空间天气的威胁。科学家分析了2004年广东电网线路故障和空间天气之间的对应关系，发现53%的电力系统故障与空间天气扰动状态存在对应关系。

　　地磁暴产生的感生电流不但会对输电网络和通信电缆产生危害，也会影响地表油气管线的安全。强磁暴时，每千米的输油管线上有6伏特的感生电压。也就是说，在1000千米长的输油管道上，感生电压高达6000伏特。美国阿拉斯加输油管线上有1000安培的电流流过（家用插线面板的电流设计等级一般为10安培）。如此强大的感生电流，会影响流量计的正常计数，甚至损坏流量计，也会加快管线的老化速度。

图2-12 输油管线

③ 遨游太空遇难关

  航天器是按照天体力学的规律在太空运行，执行探索、开发、利用太空和天体等特定任务的各类飞行器。世界上第一个航天器是苏联1957年10月4日发射的"人造地球卫星1号"，第一个载人航天器是苏联航天员尤里·阿列克谢耶维奇·加加林乘坐的"东方1号"宇宙飞船，第一个把人类送到月球上的航天器是美国"阿波罗11号"飞船，第一个兼有运载火箭、航天器和飞机特征的航天器是美国"哥伦比亚号"航天飞机。

  航天器的出现，使得人类的活动范围从地球大气层扩大到广阔无垠的宇宙空间，实现了人类自古以来梦寐以求的太空之旅。但太空之旅遇到的困难不仅表现在如何将航天器送入预定轨道，更重要的是如何使航天器在与地球表面完全不同的空间环境中正

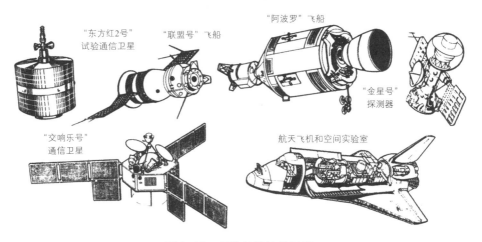

图2-13 各种各样的航天器

图2-14 我国的载人飞船

常运行。相比对地面技术系统的影响，空间天气对航天器的影响更直接、更严重、更致命。每一种环境因素都可能影响航天器工作，威胁到航天器和宇航员的安全。对美国国家航空航天局和美国空军发射的航天器的研究表明，大约有20%—25%的航天器故障跟空间天气有关。

1998年4月底到5月发生多次空间天气事件，造成多颗人造卫星出现故障：5月1日，德国科学卫星Equator-S中央处理器失效；5月6日，Polar飞船丢失6个小时的数据；5月19日，"银河Ⅳ号"通信卫星失效。

2003年，超强的太阳耀斑引发"万圣节风暴"事件，致使全球多个国家的卫星发生严重故障，有的进入安全模式停止工作，有的被高能粒子彻底毁坏，国际空间站的宇航员被迫启动防辐射保护舱，才得以躲过此次劫难。我国"神舟五号"飞船也出现了飞行轨道明显下降而紧急提升轨道的情况。

下面介绍几种针对航天器的空间天气效应。

（1）大气机械作用

尽管低地球轨道（高度400—2000千米）上的中性气体十分稀薄，根本无法维持人类的生命活动，但它却会对轨道上以8千米每秒速度飞行的航天器造成重大影响。

大气的阻力使航天器动能减小，运行轨道高度降低，进入稠密的大气区，导致航天器所受阻力进一步增大，航天器下降的速度进一步加大，直至坠毁。几乎所有的卫星轨道高度都大于100千米，目的就是要避开稠密的大气，延长卫星的寿命。

太阳的可见光辐射是相当稳定的，而紫外线的强度却会随太阳活动的变化而剧烈变化，由此改变大气的密度和温度，最终影响航天器的轨道高度和寿命。在太阳风暴期间，大气层被加热而扩张，强烈影响低地球轨道的卫星，甚至使其提前坠毁。

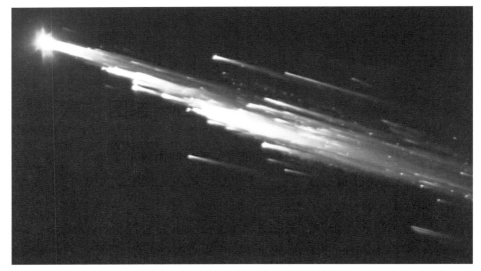

图2-15 卫星再入大气层时被烧毁

大气中性分子、原子与航天器的碰撞除了增加航天器的飞行阻力外，如果碰撞的能量大于航天器表面材料的化学键（就像将两个物体粘到一起的胶水一样）结合能，每一次碰撞都有可能使得航天器表面原子的化学键断裂，使得原子从航天器表面脱落。这将影响航天器的寿命，脱落的原子也会对航天器造成污染。

（2）充电效应

低能等离子体中，离子的速度大多小于航天器的飞行速度，而电子的速度远大于航天器的飞行速度，这种差异使得带正电的离子多落入航天器的迎风面，而电子却可以到达航天器的所有表面部位。由此造成的结果，一方面使得航天器表面总体上带负电；另一方面，使得航天器各个部分的带电分布不同，形成电流。这就是空间等离子体环境对航天器的充电效应。当然，还有其他因素（比如离子和电子的速度差异、太阳照射等因素）也会导致卫星表面带上电荷。

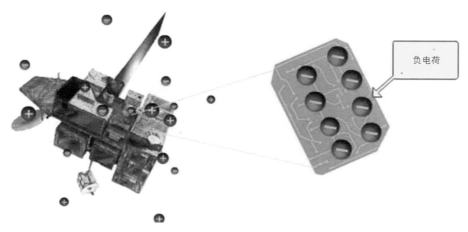

图2-16 带负电的卫星表面

　　地球空间充满了等离子体，充电现象是危害航天器安全的元凶之一。特别是磁层亚暴时，地球静止轨道（位于36000千米高空）的卫星会受到能量为几十至几百千电子伏特的等离子体的轰击，可能发

图2-17 卫星太阳能电池板由于放电导致的损坏

生严重的表面充电现象，使它相对周围空间的负电位达几千甚至上万伏特，在一些相互绝缘的部件之间可能出现几千伏特的电位差。当电位差超过某些部件所能承受的电压时，便会发生放电现象，一些部件可能被击穿，而且放电电弧所引起的电磁干扰、电磁脉冲以及辉光现象也会严重影响甚至破坏卫星的正常工作。这一放电过程释放的热量可能改变材料的性能，另外，电荷和电磁脉冲可以直接或间接进入航天器的电子线路或电气系统，从而对航天器的安全运行造成损害。

（3）氧原子剥蚀效应

在大约100—600千米的高度，大气层的主要成分是原子氧。它是一种强氧化剂，可与很多物质发生相互作用，使材料的性能退化。在低地球轨道运行的航天器，会跟活跃的原子氧发生一系列化学反应。当具有定向速度的原子氧与航天器表面碰撞时，航天器表面材料会被"氧化""溅散""腐蚀"和"挖空"，导致航天器表面产生质量损失、剥蚀和材料变性等化学损伤，这就是原子氧剥蚀效应。

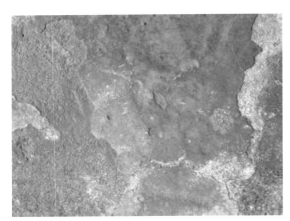

图2-18　原子氧对航天器表面的剥蚀

（4）辐射与单粒子效应

来自太阳、行星际空间和地球磁层的高能粒子不断轰击航天器表面，不仅可造成航天器表面材料损伤，还可对太阳能电池板和内部元器件形成辐射损伤，缩短元器件的寿命。空间辐射对太空宇航员的健康和生命安全也会造成严重影响。

更高能量的粒子可穿过电子器件，在电子信号串中改变数据位（将0变成1，或将1变成0），导致仪器发出混乱指令或提供错误数据，造成单粒子事件。单粒子事件虽然并不发生硬件损伤，是状态可以恢复的"软错误"，但它会导致航天器控制系统的逻辑状态紊乱，产生灾难性后果。举个例子，如果航天器设计成温度超过60摄氏度时关机。实际测量的温度是63摄氏度，以二进制存储在计算机中是"00111111"，这时本应该执行关机操作。如果计

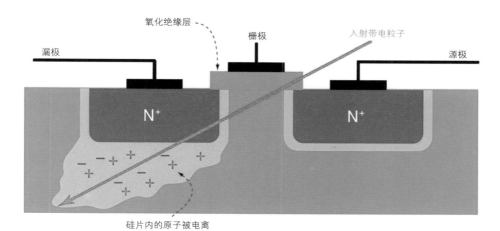

氧化绝缘层

栅极

入射带电粒子

漏极

源极

N⁺

N⁺

− + +
− + +
− − +
+ +

硅片内的原子被电离

图2-19 单粒子翻转

算机的存储器受到高能粒子轰击，第三个数位发生翻转，变为"00011111"，也就是温度数值变成了31，关机操作将不会被执行，由此导致的后果是难以想象的。

实际测量结果表明，低轨道上特别是地球辐射带区域的单粒子事件是影响航天器安全的重要因素。我国的"实践四号"探测卫星每天都可测到3—4次单粒子事件，每次都通过地面发出指令使其恢

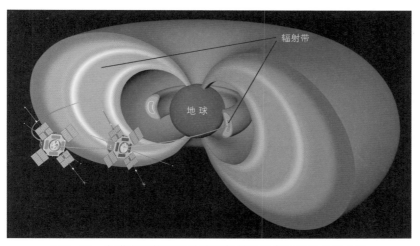

辐射带

地 球

图2-20 充满高能粒子的地球辐射带是很多卫星的必经之地

复。在这方面也有惨痛教训，例如"风云1号"卫星姿态失控，过早地结束了卫星的使用寿命，其主要原因就是当时发生了太阳质子事件，卫星的主控计算机受高能带电粒子辐射引起的单粒子事件影响，形成"软错误"，未能及时恢复，造成了不可挽回的局面。

图2-21　被微流星体击穿的哈勃望远镜太阳能电池板

（5）碎片撞击

流星体和空间碎片可造成航天器的机械损伤，在近地空间运行的航天器经常会遭遇这两种固态物质的威胁和撞击。流星体和空间碎片高速运行（流星体相对地球的速度可达72千米每秒），具有极高的动能，若与航天器相撞，会给航天器带来严重的机械损伤。当流星雨中的小陨石撞击在航天器上时，会使航天器表面变形，甚至被击穿。

（6）真空环境效应

人们容易误认为在真空环境下航天是安全的，其实不然。当暴露在大气压力非常低的环境中时，许多物质会由于真空出气导致质量减小。挥发性物质会摆脱物体表面的吸力，进入周围的环境中，就像一辆新车会有"新车味道"一样。这些挥发性物质会对诸如热控材料、太阳能电池板或者光学部件造成污染，降低器件的性能，甚至缩短卫星的使用寿命。

航天器在真空中运行的另一个挑战是温度控制。真空环境中没有大气，航天器无法通过气体的对流来传热，只能靠辐射或传导来为自身降温。这可能导致航天器向阳面和背阳面之间的温差很大，也会使得航天器运行到不同区域时，温度出现很大的变化。

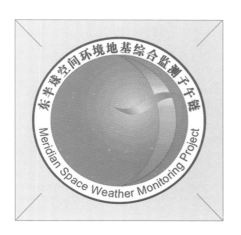

第三章

巧妙构建
子午链

　　地球空间究竟是什么样子？不同区域之间有什么联系？其变化规律是什么？如何对空间天气做出预报？为了回答这些问题，科学家提出了沿地球子午线布局地面观测设备的想法。沿子午线分布的设备构成一个长长的链条，随着地球的自转，即可实现对地球空间全方位的扫描。如今想法已经变成现实，这就是子午工程。

扫码看视频

5年的建设，培育了"团结奋进"的"子午精神"

① 空间环境大家问

　　世界各地分布着难以计数的气象站。它们记录着当地的气温、湿度、气压、风速等参数，为科学研究和天气预报提供必不可少的数据。对于空间天气也一样，为了研究空间天气的变化规律，对其做出更精确的预报，就需要有大量的空间环境观测数据。实际上，人类自从抬头望天的那一刻开始，就在对茫茫宇宙充满强烈好奇心的驱使下，不停地开展着对太空的观测活动。

　　日地空间环境中最引人注目的当然是太阳。太阳给我们送来光和热，人们称太阳为万物之母，甚至把它当成神来崇拜。我国古代就有太阳女神的传说，也就是家喻户晓的"羲和浴日"的故事。据《山海经》记载："东南海之外，甘水之间，有羲和之国，有女子名曰羲和，方日浴于日渊。羲和者，帝俊之妻，生十日。"

图3-1　"羲和浴日"故事插图

图3-2 亚里士多德

具有科学思维的人们对太阳进行了仔细的考察。终于有一天，人们发现太阳并非完美无缺，它的表面常常"匍匐"着一些小黑虫一样的斑点。这就是我们今天所说的太阳黑子。据考证，在中国，殷商时期（约公元前1600—约前1046）的甲骨文中就有关于太阳黑子的记载。其后的历史文献中也出现过许多次关于太阳黑子的记载。从东汉建武四年（公元28年）到清初（1664年），就有一百多次关于太阳黑子的记录。这些记录既有准确的日期，又有黑子的形状、大小、位置甚至变化的情况。而在古代欧洲，亚里士多德（公元前384—前322）认为天体是永恒不变、完美无缺的。这种观念后来为基督教神学所利用，成为中世纪禁锢科学思想的精神枷锁。在这种观念的支配下，人们虽用肉眼看得到太阳黑子，但不敢相信这是事实。因此，欧洲在望远镜发明以前的漫长历史中，关于太阳黑子的观测记录寥寥无几，而且记载十分简单。据考证，欧洲古代关于太阳黑子的观测记录总共只有8条。

古代关于太阳黑子的记录具有重要的科学价值。它是历史上关于太阳活动状况仅有的直接观测资料，对后来的科学研究工作具有非常重要的意义。例如，我国著名科学家竺可桢曾运用大量的历史资料，研究中国历史上气候变化和太阳活动的关系，发现凡是中国古代太阳黑子记录多的世纪，都是中国境内奇寒冬天次数多的世纪。

伽利略（1564—1642）曾经花了很长时间来观察和研究太阳黑子。在发明望远镜之前，他只能以肉眼对太阳进行观察。由于太阳光十分刺眼，看到太阳黑子的机会不多，只能在日出或日落时，才可能看到日面上的大黑子。例行的太阳黑子观测出现在伽利略发明天文望远镜之后。

图3-3　伽利略（左）和他发明的望远镜（右）

　　目前，科学家可以得到的较为可信的太阳黑子观测数据，是始自18世纪的每月太阳黑子数量（从这时起望远镜被用于太阳黑子观测，而以前的太阳黑子数都是用肉眼观测的结果）。这些数据是科学家开展太阳活动研究最基础的数据之一。在这些数据的基础上，科学家塞瑟尔·海因里希·施瓦布（1789—1875）发现了太阳活动具有10年的周期性变化。后来，鲁道夫·沃尔夫（1816—1893）依据更多的观测数据，将太阳活动的周期修正为11年。这是日地空间环境中最显著的一个周期性变化，许多物理现象均存在这样一个周期性变化或与之相关。

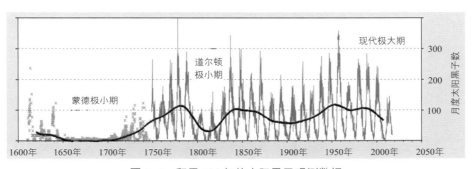

图3-4　积累400年的太阳黑子观测数据

知识链接

• 如何观测太阳黑子　太阳光十分强烈，人们难以通过肉眼对太阳进行直接观察。在日出日落的时候，太阳光减弱，可以用肉眼直视太阳。但黑子相对太阳很小，难以被发现。最好的办法是采用望远镜来对太阳进行观察。我们可以在望远镜上安装专业的太阳滤光片，直接从目镜中观察太阳，也可以在望远镜的目镜后方安放一块纸板，观察太阳在纸板上的投影。因为太阳光特别强，经望远镜聚光后强度更大，所以绝对不能在没有安装专业滤光片的情况下直接通过目镜观察太阳。否则会导致双目失明的严重后果。

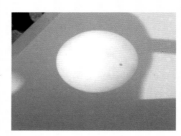

图3-5　投影在纸板上的太阳黑子

除了太阳黑子外，极光观测的历史也非常久远，因为极光是人们可以用肉眼直接看到而且特别宏伟壮丽的现象。只是极光大多出现在地球两极地区（地磁纬度约60°—70°），观测区域受到很大限制，所以我国古代关于极光的记载较少。《旧唐书》记载："东方月上有白气十余道，如匹帛，贯五车、东井、舆鬼、觜、参、毕、柳、轩辕，三更后方散。"结合其他科学考察信息，科学家认为这是对极光现象的描述。当时太阳发生了千年一遇的强烈扰动，导致极光的可观测纬度扩延到唐朝都城长安所在的位置（北纬35°左右）。

由于科学知识的不足，导致古代人们早期的极光描述充满了恐惧与迷信的色彩。到17世纪，欧洲人对极光开始有了一些科学理论上的解释。比如伽利略提出，极光是由于空气上升"逃"出了地球的阴影，被太阳照射所致。科学家埃德蒙·哈雷（1656—1742）对极光进行观察，第一次提出极光现象由地球磁场所控制的观点。从此以后，对地磁学和极光的研究就紧密地联系在一起了。哈雷最为人们熟知的贡献在天文学领域。他把牛顿定律应用在对彗星的研究上，正确预言了那颗后来被命名为"哈雷"的彗星做回归运动的事实。事实上，哈雷在许多领域都建树颇丰，他不仅是天文学家，还是地理学家、数学家、气象学家和物理学家。正是这种跨学科的研究经历，才使他得以预见性地将极光和地磁场联系到一起。

 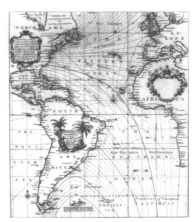

图3-6 埃德蒙·哈雷（左）与他绘制的磁偏角地图（右）

人们发现并利用地磁场的最早标志是罗盘的发明。罗盘能指引方向。《梦溪笔谈》的作者沈括（1031—1095）曾提到：算命人把针头在磁石上摩擦，使它正好指向南方。到14世纪，很多船只都开始使用罗盘，对地磁场的测量产生了强烈的需求。

因为地磁场的北向和地理（或者说真正的）北向是有差别的，度量这个偏差的角度叫磁偏角。各个地方的磁偏角不一样，准确地测量磁偏角对绘制航海图至关重要。1405—1433年，郑和

图3-7   世界上最早的地磁仪
——中国人发明的司南

带领庞大的船队先后7次下西洋，最远到达阿拉伯和东非海岸，其间做了详细的磁偏角记录。

英国科学家吉尔伯特（1544—1603）对早期的地磁场测量和研究做出了巨大的贡献。1600年，他的《论磁》一书出版，书中第一次对电磁现象进行了系统阐述。吉尔伯特发现，地球表面的磁场分布与假想位于地心的一个条形磁体所产生的磁场非常相似，并进一步提出地磁场源于地球内部的磁性。现在我们知道，地面磁场还受到来自地球外部的高空电流的影响。1722—1723年，英国的仪器制造师格兰汉姆在他的住宅做了上千次磁偏角观测。他注意到，一天内磁偏角的变化幅度可以达到30′。这样的快速变化就是由与太阳活动密切相关的高空电流的扰动引起的。

图3-8   吉尔伯特（左）和他的《论磁》（右）

早期的观测活动往往由纯粹兴趣驱动，是零星的个人行为。随着对现象背后规律的认知逐步增加，以及生产生活的现实需求，人们已经不满足于在地面上采取简单手段开展零星的观测活动。到20世纪，火箭和卫星已经可以将观测设备送上太空，地面上部署的观测设备所采用的技术手段也越来越多样化。因为卫星和复杂的地面观测设备都十分昂贵，这个阶段的观测活动已经不能靠个人兴趣来驱动了，越来越依赖于各国政府的资助、规划和组织。

在第一次世界大战时，德国就使用过一种可以将炮弹发射到40千米高空的攻城加农炮。真正的火箭是第二次世界大战期间由德国科学家研制出来的。德国战败后，美国和苏联分别获得了部分技术资料和研究人员。很快，火箭被用来对太空进行探测。1946年5月10日，美国采用V-2火箭进行了第一次针对宇宙线的科学探测。此后，越来越多的火箭发射升空，开展各类空间试验。地球大气的温度、密度、风速、成分等各种物理量也通过火箭得到探测。

图3-9　源于德国的V-2火箭（模型）

随着世界上第一颗人造地球卫星（苏联）的发射，人类对空间的探索进入了一个崭新的阶段。1958年1月，美国发射的第一颗人造地球卫星"探索者1号"（Explorer-1）上安装的粒子计数器，原本是用来测量宇宙线的。卫星在几百千米高度得到的观测值与预期值接近，但在大于2000千米高度的观测值却意外地变为零。

图3-10   美国科学家范艾伦

这是不可想象的。1958年3月，"探索者3号"（Explorer-3）升空，测量结果依然是这样。美国科学家范艾伦（1914—2006）认为，这是因为卫星进入了一个含有大量高能粒子的区域，导致计数器达到饱和而失灵所造成的。因此，1958年7月发射"探索者4号"（Explorer-4）时，他在计数器前端加入一小片薄铅，以阻挡部分粒子。探测结果证实了他的猜测，地球辐射带由此被发现。这是卫星探空的第一个重大发现。范艾伦也因此被誉为"空间物理之父"，成为1959年5月《时代》杂志的封面人物。

此后几十年，美国、苏联、欧洲、日本等国家和地区发射了大量的人造地球卫星。其中，部分卫星是专门用来对日地空间环境进行观测的。比如美国的ACE卫星、Wind卫星、TRACE卫星、GOES卫星、Ulysses卫星、Voyager卫星，欧洲与美国共同研制的

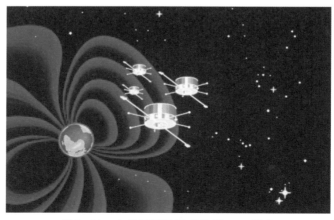

图3-11   由多颗卫星组成的Cluster星座

SOHO卫星，欧洲的Cluster卫星、Rosetta卫星，中国"双星计划"中的两颗卫星，等等。

一方面，卫星探测不断发展；另一方面，地面探测技术的发展步伐也在加快，大量采用先进技术的设备被部署到世界各地。功能强大的非相干散射雷达、高频相干散射雷达被用于对电离层进行探测；大量的地磁台站以前所未有的地理密度和时间连续性，监测不同区域的地磁场；大量的被动式无线电波接收设备正密切监视着电离层的一举一动。这些地面探测设备与卫星一起，构成了空间环境地基、天基相互配合的观测体系。所得到的探测数据，为加深人们对地球空间环境的认识起到了巨大的作用。

图3-12 大型的地基探测雷达

与此同时，科学家对空间环境开展了大量的理论研究，使人们对日地空间环境有了初步的认识。太阳风、磁层、电离层、辐射带、环电流、场向电流等概念相继被提出，并得到证实。特别是对空间天气的计算机模拟，为空间天气的业务应用奠定了重要的基础。在过去的20年，空间天气模式的研究与发展成为美国国家科学基金会地球空间环境模式（GEM）计划的一部分。美国为此建立了两个模拟中心：空间环境模拟中心（CSEM）和综合空间天气模拟中心（CISM）。现在，人们可以利用从大量观测数据中得到的统计经验和一些物理模型，对空间天气做出比较可信的预报。

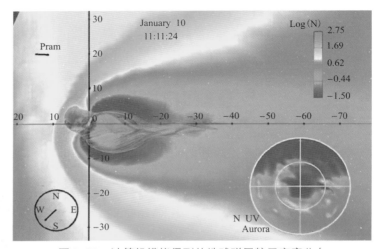

图 3-13　计算机模拟得到的地球磁层粒子密度分布

◇ 地球位于坐标原点处，距离单位为地球半径 R_E。

自古以来，人类对空间环境由自发的观测到自觉的探索，其目标是一致的：把握空间环境变化的规律，使之为人类所用。人们现在已经对空间环境有了初步的认识，但是日地空间的三大挑战性问题依然萦绕在科学家的心头：

（1）太阳为什么会发生变化？它是怎样变化的？

（2）太阳活动怎样影响地球空间环境？

（3）日地空间环境的变化对人类活动有什么影响？

② 子午线上探苍穹

从地球上看，太阳的视觉尺寸甚至比月球还要小一点（太阳的视直径为31′47″，月球的视直径为33′27″）。实际上，太阳直径约是月球直径的395倍。人们用肉眼可以看到月球上的地形分布，用一架普通的天文望远镜就可以看到月球表面密布的环形陨石坑。如果把月球放到太阳的位置上，恐怕它的视觉尺寸比太阳表面的一个黑子还小（太阳黑子大小不一，大的直径可达几万千米），更别提它上边的那些陨石坑了。所以，要在地球上对太阳的精细结构做细致的观测是非常困难的。透过太阳的光球层对其内部结构进行观测，更是难上加难。因此，对日地空间第一大挑战性问题的探索基本上只能寄希望于接近太阳的卫星观测。目前，美国已经发射了几颗绕太阳飞行的探测器，如SDO探测器、STEREO

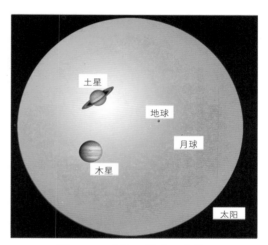

图3-14 太阳、月球、土星、木星和地球的尺寸对比

探测器等，试图回答前面所说的日地空间第一大挑战性问题。

随着各类高技术系统的应用，地球空间环境对人类的影响日益显著。辐射带高能粒子威胁着卫星和宇航员的安全；电离层的扰动可导致通信效率下降甚至通信中断，也会导致卫星导航定位精度下降甚至失效；地磁场的剧烈扰动可能导致电网的故障甚至烧毁；等等。这类影响是如何发挥作用的？如何避免这样的影响？这就涉及对前面所说的日地空间第三大挑战性问题的回答。但对这个问题的研究，是与技术系统本身的特性息息相关的，可以归入空间环境效应研究的范围。

科学家将子午工程的使命主要定位在对日地空间第二大挑战性问题的探索上：太阳上发生的扰动如何经过浩瀚的行星际空间传播

图3-15 航天服的设计重点考虑各类空间环境效应

到地球空间，进而如何影响地球空间环境？具体来说，子午工程的科学目标是：①了解灾害性空间天气的变化规律；②研究我国空间环境的区域性特征及其和全球特征的关系；③与卫星观测相结合，建立空间天气因果链模式，探索完善综合性的空间天气预报方法。

一年当中，地球上同一地点的温度随着春、夏、秋、冬四季的更替而变化；一天当中，气温也随着太阳升起的高度而变化。造成这种变化的最根本原因是太阳光入射角的变化。同样的面积，太阳光直射时所接收的太阳光最多，温度最高。这也叫太阳的天顶角效应。

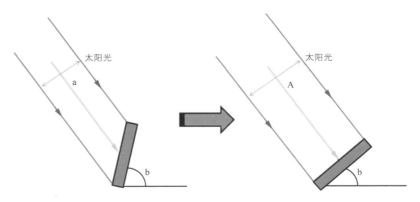

图3-16 同样的面积，与太阳光垂直时接收的太阳光最多

赤道地区太阳光接近于垂直入射。纬度越高，太阳光的入射方向偏离垂直方向越大。同时，夏季白昼长、夜晚短，冬季白昼短、夜晚长。地球不同纬度上大气被加热的程度不同。热的大气往上爬

升，冷的大气往下沉，形成了基本的全球大气环流模式。这个过程
主要发生在大气的对流层，由此产生了我们平常感知到的天气气候
现象。

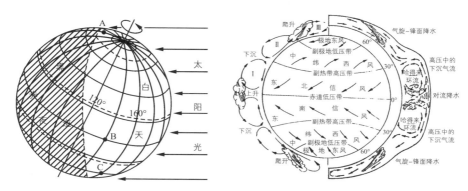

图3-17　太阳光照随纬度的变化（左）和因此形成的大气环流（右）

　　地球空间环境也同样受到太阳辐照纬度不均衡（太阳天顶角效
应）的影响。比如电离层主要是由于太阳对大气分子的光致电离引
起的。光照强，电子密度大；光照弱，电子密度小。因此，电离层
电子密度就会形成随纬度变化而变化的分布形态，其最大值出现在
赤道附近。

　　地球空间环境与纬度不均衡性相关的另一个重要因素是，南北
两极地区的地磁场的分布形态。一般来说，地磁场的磁感线由南指
向北，通过地球内部构成封闭的回路。包裹地球磁层的太阳风同样
携带了源自太阳的磁场。当两个磁场相遇时，它们最外侧的磁感线
连接到了一起，这个过程叫磁场重联。磁场重联的结果是地球南北
极区域的磁感线不再在地球空间里构成回路，而是连接到太阳上去
了。这样，太阳风中的能量粒子（电子和离子）就可以顺着重新连
接的磁感线，直接进入地球极区的大气中，在与大气碰撞的过程中
将大气加热。绚丽多彩的极光现象就是在这个过程中形成的。因
此，两极地区的空间环境扰动比中、低纬度地区要强烈得多。

📑 知识链接

● **磁场重联**　磁场重联是两个反平行的磁场互相靠近时，磁感线重新连接的现象。实际上，这也是一个磁场湮灭的过程，身处其中的带电粒子（等离子体）将被加速从重联区域喷射出来，磁场能量转化为带电粒子的动能。科学家普遍认为，磁场重联是天体物理中非常重要的快速能量释放过程，太阳的能量释放就是磁场重联导致的。在地球磁层与太阳风的相互作用中，磁场重联也起着非常重要的作用。

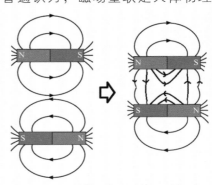

图3-18　磁铁之间的磁场重联现象

南北两极地区的磁场扰动必然会通过各种方式向中、低纬度地区传播。由于磁感线对带电粒子的约束作用（带电粒子在洛伦兹力的作用下，绕磁感线做圆周运动），扰动的传播往往表现出顺着磁感线方向的特性。就像我们吃羊肉串的时候，常常是将羊肉片顺着竹签的方向滑拽出来，而较难以横向撕咬下来。当然，实际上在地球自转和绕太阳公转的效应的作用下，地球空间环境形成了非常复杂的随时间、地域变化的全球三维结构。其中的带电粒子也并不是那么"老实"。

地球磁场的磁感线接近地球子午线方向（两者之间相差一个磁偏角），以至于许多基本的物理过程是沿子午线发生的。因而沿地球子午线配置空间环境监测设备，形成对高、中、低不同纬度的链

条式探测能力，对于了解近地空间
环境的全球结构及其时间和空间变
化规律具有重要的科学意义。空间
环境的这些本质特性是科学家提出
子午工程项目的科学依据。

图3-19 磁感线上的带电粒子
就像竹签上的羊肉串

　　沿东经120°子午线，从北端的
漠河，经北京，直到海南三亚，距
离达到4000千米。如果继续延伸
至我国在南极部署的中山站，跨度
可达到10000多千米。这是我国一
个得天独厚的优势。子午工程的大
部分观测台站就分布在这条子午线附近。

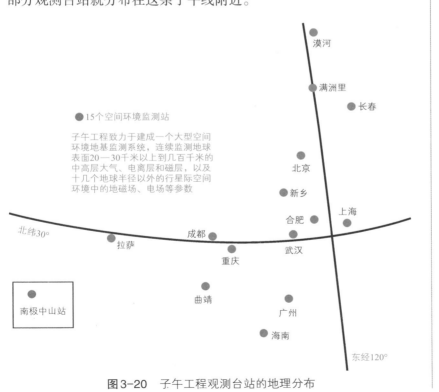

图3-20 子午工程观测台站的地理分布

📖 知识链接

● **子午线为何叫子午线** 子午指南北。古人以"子"为正北，以"午"为正南。唐朝苏颋所著《唐长安西明寺塔碑》："揆阴阳之中，居子午之直，丛依观阁，层立殿堂。"《宋史·天文志一》："南阳孔定制铜仪，有双规，规正距子午以象天；有横规，判仪之中以象地。"康有为《上清帝第六书》："若针之子午未定，舵之东西游移，则徘徊莫适，怅怅何之？"

子午线也称经线，和纬线一样，是人类为度量方便而假设的辅助线，定义为地球表面连接南北两极的大圆线上的半圆弧。任意两根经线的长度相等，相交于南北两极点。每一根经线都有其相对应的数值，称为经度，指示东西位置。

子午工程总共部署了87台监测设备，分布在15个观测台站。依据工作原理和探测对象的不同，这些监测设备可大致分为地磁设备、地电设备、光学设备、无线电波设备。多台站同种类型的监测设备沿子午线分布，就像长城沿线的瞭望台，互相配合，可形成对不同纬度的链条式观测。不同的纬度上发生的各种物理现象，以及这些物理现象沿子午线传播的过程将被观测链清晰地展示在科学家面前。随着地球的自转，沿子午线分布的观测链还将像扫描仪一样扫过整个地球空间，对地球空间实现360°立体探测。

空间环境是复杂的，除了主要沿南北方向的分布差异外，东西方向也不是均匀分布的，扰动现象也可以沿东西方向传播。所以，子午工程还沿北纬30°的纬度线布局了上海、武汉、重庆、成都、拉萨等几个台站。这样可以对在纬线圈方向（东西方向）上传播的扰动现象进行链条式的跟踪，也是为了对我国区域的空间环境开展更精细的探测。

　　除了测量地磁场、地电场和大气电场的设备以外，子午工程部署的其余监测设备都采用遥感的方式实现对高空中物理参量的测量。所谓遥感探测，就是探测仪器远离探测对象的一种探测方式。

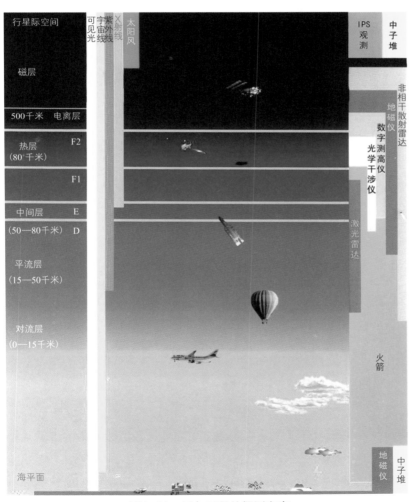

图3-21 子午工程的探测高度

这种探测方式最大的优点是探测范围非常大。子午工程的探测范围从地表到20—110千米高度的中高层大气、60—1000千米高度的电离层，直到7万千米高度以上的行星际空间。

针对不同高度，子午工程可探测的主要物理量如下：

● 地面

地磁场强度、磁偏角、磁倾角、磁场波动、地电场、大气电场。

● 中高层大气（探测高度：20—110千米）

大气密度、温度、成分、风速、风向。

● 电离层（探测高度：60—1000千米）

电子和离子的密度、温度、漂移速度、电场。

● 磁层（探测高度：＞1000千米）

磁场、等离子体密度（子午工程没有直接测量磁层高度的设备，但可从地面磁场测量推导出磁层中的一些物理量）。

● 行星际空间（探测高度：＞70000千米）

宇宙线强度、太阳风速度、太阳风闪烁指数。

子午工程总共部署15个综合性观测台站、87台监测设备，相对我国幅员辽阔的领土来说，这个数目是很小的。从1.67亿元的总投资来看，子午工程也只是国家大科学装置里的"小弟弟"。但以其"小"，却覆盖了地球空间环境之"大"，实现了对空间环境的360°全景观测。这正是得益于其构思之巧妙。

③ **集中力量办大事**

在子午工程建设之前，我国空间环境地基监测设备的部署只是零星的、分散的。在这种状况下，设备为个别科学家或者研究小组自建自用，针对单一的科学问题开展研究工作。这极大地制约了科学界的数据共享效率，更谈不上利用数据开展预报服务等业务工作。然而，从太阳到行星际空间，到电离层、中高层大气，日地空间环境是一个环环相扣的有机整体，对它的研究需要凝聚全体空间天气和空间物理学界的科学家的力量。为此，实现多台监测设备的协同工作和数据的便捷共享至关重要。

扫码看视频

子午工程由12家单位共同建设（中国科学院国家空间科学中心牵头，中国科学技术大学、中国科学院地质与地球物理研究所、北京大学、中国电子科技集团第二十二研究所、中国科学院国家天文台、中国地震局地球物理研究所、中国气象局国家空间天气监测预警中心、中国科学院大气物理研究所、中国极地研究中心、武汉大学、中国人民解放军总参气象水文空间天气总站参与），几乎凝聚了我国空间天气和空间物理学界的所有科研工作者的力量。

子午工程建成了由23类监测设备组成的、巧妙布局于子午线上的空间环境综合监测系统，并对监测设备进行集中管理，数据完全公开共享。这对集中我国乃至全世界相关科学家的智慧，解决重大科学问题，实现对日地系统的整体认识起到了巨大的作用，也为我国建立独立自主的空间环境监测和保障体系奠定了重要基础。正如美国国家大气研究中心主任基林教授所说，"将来空间天气领域的进展将更加依赖于全世界科学家们的集体努力，中国的子午工程的贡献将是无法估量的"。

建成至今，子午工程已运行5年，产出了大量的监测数据。这些数据统一汇集到子午工程数据中心做进一步处理，进行标准化，形成更高级的科学数据。全世界的科学家只需在数据中心注册一个用户名，即可下载其中的任何一个科学数据文件。

以前那种小团队对空间环境局部科学问题进行小打小闹式研究的格局正在发生改变。我国科学家利用子午工程的数据，群策群力，已经在空间环境圈层耦合、扰动现象大尺度传播等重大科学问题上取得显著成就。从发表的科学论文可以看出，大多数研究结果都采用多个台站探测数据进行联合分析而取得。这在子午工程之前

中国科学院国家空间科学中心　　　中国科学技术大学　　　中国科学院地质与
　　　　　　　　　　　　　　　　　　　　　　　　　　　　地球物理研究所

北京大学　　　中国电子科技集团第二十二研究所　　　中国科学院国家天文台

中国地震局地球物理研究所　　中国气象局国家空间天气监测预警中心　　中国科学院大气物理研究所

中国极地研究中心　　　武汉大学　　　中国人民解放军总参
　　　　　　　　　　　　　　　　　气象水文空间天气总站

图3-22　参加子午工程建设的12家单位

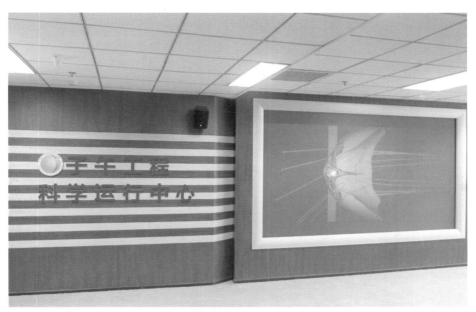

图3-23 子午工程科学运行中心

图3-24 子午工程数据中心

是无法想象的。

　　子午工程在国际上也引起了强烈反响，大大提高了我国在空间天气和空间物理学界的地位。国际日地物理委员会主席纳特·戈帕斯瓦米(Nat Gopalswamy)认为，中国的子午工程"无论是对中国的科学还是国际的科学都将是很重要的"。

图3-25　国际日地物理委员会主席访问子午工程数据中心

　　美国著名刊物《空间天气》(*Space Weather*)采用封面专题文章的形式，报道中国子午工程，给予了高度评价，认为子午工程是一个雄心勃勃(ambitious)、影响深远(broad-reaching)、非常震撼(endeavor)的项目。

　　我国科学家以子午工程为基础提出的国际空间天气子午圈计划(简称"国际子午圈计划")，赢得了国际社会的广泛认同，得到了美国、加拿大、俄罗斯等国家的积极响应。

　　2012年8月发布的《美国太阳与空间物理十年发展战略规划》中，国际子午圈计划是两个重要的大型国际合作项目之一。国际日地能量计划指导委员会主席、加拿大阿尔伯特大学(University of Alberta)的罗斯托克(G. Rostoker)教授对国际子午圈计划给予了高度评价，认为"国际空间天气子午圈计划是一个杰出的创见"。
澳大利亚世界空间环境研究所所长亚伯拉罕·支恩（Abraham Chian）
教授声称"国际空间天气子午圈计划将对全世界范围内空间天气研
究的不断进步和发展做出重大的贡献"。

随着子午工程国际影响力的逐步提升，我国科学家正逐渐从以
前利用国外探测数据进行跟踪研究的状态中走出来。现在，我们有
了自己的设施和探测数据，具备了联合国际上其他地基探测设备开
展全球性探测研究的基础。子午工程每年都会发起旨在协调全球空
间环境地基观测设施、开展数据交换的国际联合探测。2014年，子
午工程与美国麻省理工学院草堆天文台（MIT Haystack Observatory）
联合发起"东经120°/西经60°子午圈国际联合探测"，吸引了来自
美国、日本、南亚、欧洲等国家和地区的共计50多台地基监测设
备参加。

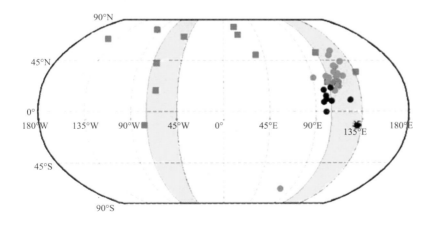

图3-26　2014年东经120°/西经60°子午圈国际联合探测的台站分布

④   子午工程建设缘起

子午工程于 2008 年开工建设，2012 年 10 月 23 日通过国家验收，开始正式运行。令很多人想不到的是，建设子午工程的想法其实早在 1993 年就提出来了。

魏奉思，1941 年 11 月生于四川省绵阳市，1963 年 8 月毕业于中国科学技术大学，2005 年当选中国科学院院士，是我国著名的空间物理学家。魏奉思院士现为中国科学院国家空间科学中心研究员，兼任中国空间科学学会理事、世界空间环境协调研究与培训中心执委会委员、国际日地系统气候和天气计划/空间天气专题委员会委员。

1993 年秋，魏奉思负责起草《中国空间物理发展战略规划建议书》，明确提出子午工程——空间环境综合监测子午链的科学构想。在时任中国科学院国家空间科学中心所长姜景山等领导的支持下，我国五部委 11 家单位的科技专家们于 1994 年初起草了《子午工程建议书》，并作为附件随同《中国空间物理发展战略规划》报送国家科学技术委员会（今科学技术部）。

自 1993 年提出子午工程的科学构想以来，魏奉思带领一批空间物理学界的科学家孜孜不倦地对子午工程的科学目标、建设方案进行反复论证、完善，为工程的立项推进奔走呼吁，付出了不懈的努力。在这个过程中，我国空间物理学界的一批空间科技专家（如王水、郭建善、肖佐、万卫星、吴健、王英鉴、张仲谋、杨俊文、王敬芳、刘瑞源、徐文耀、高玉芬、王赤、冯学尚、窦贤康等）进行了长期坚持不懈的努力，奉献了青春和热情；一批决策、管理专家（如邵立勤、钱文藻、祖钦信、金铎、查莲芳、梁荣基、邢如云、张晓曦、钟秀萍、范全林等）贡献了智慧与力量；我国航天、通信、地球科学、大气科学与天文学领域的王希季、艾国祥、陶诗言、王缓琯、孙枢、陈颙等院士也为推进子午工程做出了积极努力。

　　1997年6月，国家科技教育领导小组确定子午工程为国家重大科学工程。又历经多年的筹划、准备和推进，2008年1月子午工程才正式开工建设。子午工程充分利用中国地域优势，能够在地面持续运行，具有创新科学构思、网络式、综合性的特点，凝聚着我国科学家特别是魏奉思院士的智慧和心血。

　　今天，魏奉思院士虽已年过70，但依然积极地推动学科的战略发展。作为从事基础研究工作的科学家，魏奉思院士心里最关心的却是国家的战略需求。他时常强调，空间天气这个学科的发展必须和国家对安全的需求、对经济社会发展的需求紧密地结合在一起，空间科学必须面向国家战略，做到科学、技术、应用全面发展。子午工程既能为科学家研究日地空间的基本规律提供科学数据，也能为空间天气预报保障服务提供监测数据，是对魏奉思院士学科发展理念很好的实践。魏奉思院士常不无自豪地说"这样的一条子午链将对我国空间天气基础研究及预报的发展起到举足轻重的作用"。但他没有满足于此，在子午工程之后，他又为推动子午工程二期的

图3-27　2013年，魏奉思院士在子午工程项目建设表彰大会上

立项积极奔走，同时提出了旨在融汇所有探测数据的"数字空间"的设想。他说，子午工程只是起步，要实现和平利用空间、使空间成为未来经济社会发展的重要增量这一目标，我们仍任重道远。

⑤   团结一心有力量

子午工程由归属于7个部委的12家单位共同建设并运行。它涉及多个学科，地域跨度非常大，监测设备的种类达到23种之多，台站多位于非常偏远的地点。建设和运行这样一个系统，在中国大科学装置的建设史上还是头一遭，其难度可想而知。但来自12家单位的建设团队仅用了4年多的时间，就完成了系统建设，顺利通过国家验收，并在后续的运行工作中也取得了非常好的成绩。

图3-28   建设团队在南极中山站平整场地，准备安装设备

在项目建设的前期准备阶段，有人对子午工程的建设提出质疑：3家单位的合作都很难协调，12家单位合作能行吗？这种担心不无道理，子午工程面临的最大的挑战就是跨单位的管理问题。12家单位的调度与管理错综复杂，不同单位的管理机制不同，不同学科的科技人员交流不畅，等等。中国科学院国家空间科学中心作为子午工程的项目牵头单位，如何去组织没有任何行政隶属关系的兄弟单位开展工作？这是必须回答的问题。为此，中国科学院成立了由副院长担任组长的子午工程项目建设领导小组。依托牵头单位成立项目建设工程经理部，中国科学院国家空间科学中心主任吴季挂帅担任总经理一职，副主任王赤担任项目总工程师。有了领导的大力支持和完善的组织保障，建设团队吃下了一颗定心丸。

图3-29　中国科学院国家空间科学中心

图 3-30　子午工程建设、运行团队骨干（摄于 2011 年）

　　针对多单位联合工作的复杂性，建设管理团队创造性地提出了"技术业务依系统，运行管理按单位"的矩阵式管理模式，避免了技术与管理之间互相牵制的情况，极大地提高了管理效率。为了形成大家能共同遵守的规范，项目办公室主任、工程项目经理部总经理助理张晓曦带着队伍，经过 3 个月的调研，编写了《子午工程实施及管理计划》。这份计划书逾 3 万字，涵盖了组织机构、工程计划、管理要点及技术规范等方方面面的内容，使整个工程有了统一的"语言"。在健全的规章制度和创新的管理模式下，各参研单位的积极性得以充分调动，由近 400 人组成的建设团队凝聚到了一起。

　　经过 4 年多艰苦卓绝的奋斗，子午工程于 2012 年 10 月通过国家验收，并得到验收专家的高度评价。专家组验收结论显示："子午工程是国际上监测空间范围最广、地域跨度最大、监测空间环境物理参数最多、综合性最强的地基空间环境监测网，达到世界领先水平。"短短的一句话，让参与子午工程建设的全体科技和管理人员感到十分激动与自豪，验收现场不少人热泪盈眶。

通过验收后，仍然是这个团队接管了子午工程的运行工作。他们面临的依然是前所未有的挑战，但他们继续发扬工程建设期间树立的"子午精神"，逐步摸索出了一套行之有效的运行管理办法，工作成绩显著，并因此获得中国科学院2016年度大科学装置运行一等奖。

目前，子午工程运行良好，正源源不断地为科学研究和业务应用输送观测数据。拿到子午工程数据的科学家也一个个满怀自豪，感慨今非昔比。以前，由于没有自己的设备，科研人员往往需要到国外的网站下载数据或者找同行要数据。所得数据经过别人筛选，研究价值已大大降低，有时甚至会吃闭门羹，要不到数据。现在，子午工程成了大家的公共平台，也很自然地促进了不同学科方向之间的交叉发展。子午工程建设、运行以后，我国空间天气和空间物理学界的科学家之间的交流显著增多。子午工程在凝聚我国科学家，形成合力对重大科学问题开展研究等方面起到了重要的作用。

2013年，在子午工程项目建设表彰大会上，魏奉思院士满怀深情地指出，"子午人"的精神归结为一句话，那就是"团结一心干事业，坚持奋斗不停歇"。正是因为全体工程参建者团结一心、不计得失，才能取得今天的成果。子午工程是"集体创作的事业"！

扫码看视频

第四章

坐地探天
招数多

　　为了将广袤空间中的各类物理量纳入囊中，子午工程部署的监测设备达23种之多。这些设备有的体形庞大，有的身材娇小，各有各的目标，各有各的招数，正所谓"八仙过海，各显神通"。接下来让我们看看它们都能测什么，是如何工作的。

扫码看视频

十字环形接收天线

发射天线

测高仪机房

子午工程建设的监测设备多达23类、87台

① 第一招：磁场探测

（1）地磁场的DNA

如果我们把一根巨大的磁棒放到地球的内部，保持磁棒南北极的方向与地理南北极的方向相反（稍微错开一个角度，即磁偏角），这样产生的磁场将与真实的地磁场非常相似。磁场沿中心轴对称分布，我们称之为偶极子磁场。当然，地球内部并没有这样的大磁铁存在。地球中心温度太高了，即使有这么一块磁铁，也该熔化了。

对于地磁场的产生机制，科学家提出了很多解释，其中一个比较好理解的解释是圆盘发电机理论。在磁场中旋转的金属圆盘势必在中心和边缘之间产生电势差。如果将中心和边缘用一个线

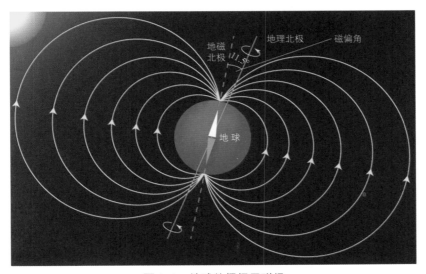

图4-1 地球的偶极子磁场

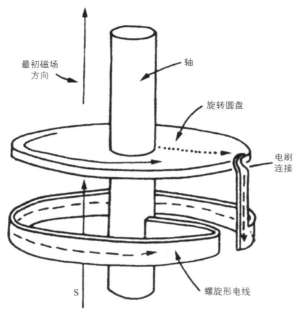

图4-2 圆盘发电机理论模型

圈连接起来，在线圈中流动的电流就会感应出新的磁场。感应磁场和初始磁场方向一致，磁场得到加强，也就永远不会消失。在这个理论中，地磁场的产生依赖于地球的自转。随着能量的消耗，地球自转速度势必越来越慢（已为观测所证实），磁场将越来越弱。

实际的地磁场远比对称的偶极子磁场复杂。与偶极子磁场最显著的差异是磁感线在面向太阳的一面被压缩，而在背对太阳的一面被拉伸。这是因为空间中存在着复杂的电流，这些电流产生的感应磁场使得磁场发生了变化。所以说，地磁场的变化主要是由于空间中存在的电流引起的。这类变化磁场虽然只占总磁场的大约1%（赤道区域的地磁场强度约为30000纳特斯拉，而变化磁场一般为几十至几百纳特斯拉），但它却携带了关于高空电流等空间环境因素的大量信息，是空间环境监测重点关注的对象。

每个地点的磁场都是一个既有大小又有方向的矢量。我们可以定义一个直角坐标系，其三个坐标轴分别指向北方（平行地面指向地球自转轴方向）、东方和地心。在此坐标系中，地磁场矢量可分解为北向分量（用 X 表示）、东向分量（用 Y 表示）、地心分量（用 Z 表示）。另外，定义 H 为水平方向的分量，F 为磁场矢量本身（也代表其总强度），D 为 H 与 X 之间的夹角（磁偏角），I 为 F 与 H 之间的夹角（磁倾角）。X、Y、Z、H、F、D、I，这七个数值构成了地磁场的七要素。它们之间存在如下关系：

$$F^2=X^2+Y^2+Z^2=H^2+Z^2 \qquad H=F\cos I$$

$$H^2=X^2+Y^2$$

$$X=H\cos D \qquad D=\arctan\frac{Y}{X}$$

$$Y=H\sin D=X\tan D \qquad I=\arctan\frac{Z}{H}$$

$$Z=F\sin I=H\tan I$$

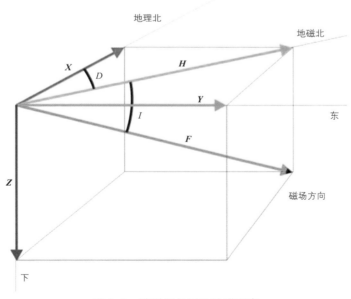

图 4-3　地磁场矢量及地磁要素

地磁场的七要素就像生物的 DNA 一样，决定了地磁场的全部。对地磁场的探测，就是要得到地磁场七要素的大小。各类地磁设备要么探测要素不同，要么探测频率（反映地磁场变化快慢的能力）不同，要么探测精度不同，没有一类设备可以满足全部的探测要求。所以，一个地磁台站往往需要配置多类地磁设备来组成一个互相协作的大系统。大多数地磁台站的磁照图记录习惯采用 **HDZ** 三要素组合，地磁场绝对观测则多采用 **HDI** 或 **FDI** 组合。在高纬度地区，由于地磁北与地理北偏离很大，所以多采用 **XYZ** 组合。子午工程配备了磁通门磁力仪、感应式磁力仪、Overhauser（奥弗豪泽）磁力仪、磁通门经纬仪等多类设备，能够满足空间天气研究对所有地磁要素的测量要求。

（2）子午工程的地磁场探测设备

磁通门磁力仪

磁通门磁力仪的基本原理基于磁芯材料的非线性磁化特性。其敏感元件为高磁导率、易饱和的铁磁材料制成的磁芯，由激励线圈和感应线圈围绕磁芯，在激励线圈中通以方向周期性变化的交变电流，就会在磁芯中产生交变激励磁场。在激励磁场的作用下，磁芯的导磁特性发生周期性的饱和与非饱和变化，从而在感应线圈中感应出与外磁场成正比的信号。通过特

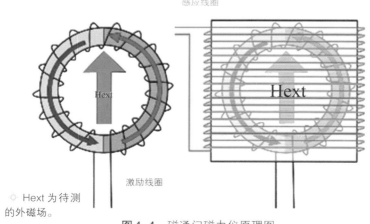

感应线圈

Hext

Hext

激励线圈

◇ Hext 为待测的外磁场。

图4-4　磁通门磁力仪原理图

定的检测电路，可以从该信号中提取外磁场强度信息。采用三个这样的感应器，就可以探测出三个方向的磁场强度。根据矢量分解的原理，三个方向的磁场强度可确定磁场矢量的大小和方向。

地磁场的大小达好几万纳特斯拉。对于位数一定的模数（A/D）转化器来说，如果将地磁场都记录下来，记录精度会很低；要确保记录精度，就需要提高模数转化器的位数，这将使电路过于复杂，造价高昂。而且，过大的磁场会使得磁芯工作在非线性状态。因此，磁通门磁力仪在与地磁场相反的方向人为地加一个磁场，将地磁场抵消一部分，测量剩下的部分即可。这样，磁通门磁力仪就变成了一个相对测量仪器。在空间天气研究中，科学家真正关心的是地磁场的相对变化量，磁通门磁力仪刚好可以满足要求。

图4-5 子午工程的磁通门磁力仪

感应式磁力仪

顾名思义，感应式磁力仪是利用通过闭合线圈的磁通量变化产生感生电动势和电流的原理来工作的。它要求磁场是变化的，特别适用于测量快速变化的磁场（如地磁脉动）。假设平面导线圈的面积为A，共有N匝，当垂直于线圈平面的磁场分量B以频率f变化时，线圈中产生的感生电动势为：

$$U = -N\frac{\mathrm{d}\Phi}{\mathrm{d}t} = 2\pi fNAB$$

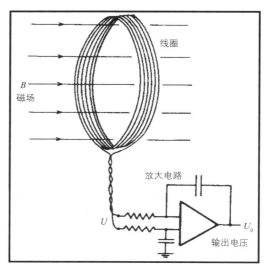

图4-6 感应式磁力仪原理图

频率大于3毫赫兹的天然地磁脉动的幅度随频率增大而减小，所以用其他地磁仪器来测量是比较困难的。而感应式磁力仪线圈中的感生电动势随频率增大而增大，正好解决了这一难题。感应式磁力仪常常用来观测地磁脉动，但它不适用于观测稳定的磁场和缓慢变化的磁场。

子午工程配置的感应式磁力仪有三个独立的探头，被安装在互相垂直的三个方向上。每个探头中有一个线圈，分别用于探测对应方向上的磁场。

图4-7 子午工程的感应式磁力仪

Overhauser 磁力仪

根据物理学原理，任何旋转的带电粒子都会产生一个磁场。原子核带正电，而且每时每刻都在旋转，由此产生的磁场让它看起来像一个微小的磁铁。这个"微小磁铁"在外磁场的作用下，磁轴会产生一种类似陀螺转动的圆锥运动，这种运动叫拉莫尔进动。进动的速度（频率）和外磁场的强度成正比。如果让大量的原子核在同一个节拍上进动，就会形成一个快速变化的磁场。Overhauser 磁力仪检测出这个变化磁场的频率，进而可以计算外磁场的强度。由于原子核进动的频率与外磁场的方向无关，因此，Overhauser 磁力仪只能测量磁场的大小，不能测量磁场的方向。

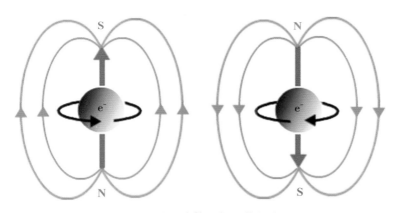

图 4-8　电子自旋引起的微小磁场

◇ 黑色箭头方向为等效电流方向。

📖 **知识链接**

• **拉莫尔进动**　拉莫尔进动是指电子、原子核和原子所形成的"微小磁铁"在外磁场作用下的进动（旋转轴的圆锥运动）。这是 1897 年由约瑟夫·拉莫尔

（1857—1942）最先推论得出的。旋转的陀螺在重力的作用下，绕其旋转轴做圆锥形的旋进运动，跟拉莫尔进动是一样的道理。拉莫尔进动的速度（频率）与外磁场的强度成正比，利用这一原理可以测量磁场强度的大小。

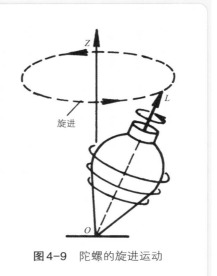

图4-9　陀螺的旋进运动

在Overhauser磁力仪的原理图（图4-10）上，中间部分代表一个装有可磁化溶液的容器，里边有无数个旋转着的原子核。高频振荡器的作用是控制原子核的进动节拍，让它们步调一致。容

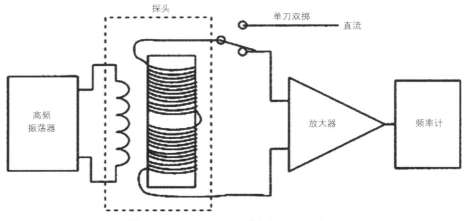

图4-10　Overhauser磁力仪原理示意图

器上所绕的线圈利用变化磁场可以感应出电流的原理，检测变化磁场的频率。检测出的信号再经过放大电路输送到频率计。由于该设备工作过程利用了Overhauser效应，使得溶液中原子核的极化更容易，因而被称作Overhauser磁力仪。

子午工程的Overhauser磁力仪分为探头和主机两个部分。探头中充有富含质子且添加自由基的液体，主机主要包括计数补偿转换输出等电子线路。探头和主机体积都很小，安装在一个磁洁净的工作台上即可。

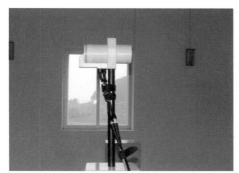

图4-11 子午工程的Overhauser磁力仪

磁通门经纬仪

经纬仪实际上是一种测量水平角和竖直角的仪器，它的发明与航海有着密切的关系。在15、16世纪，英、法等国因为航海和战争，需要绘制各种地图、海图。最早绘制地图使用的是三角测量法，就是根据两个已知点的观测结果，求出远处第三点的位置。但由于没有合适的仪器，角度测量精度不高，由此绘制的地形图精度也不高。经纬仪的发明，提高了角度的观测精度，同时简化了测量和计算的过程。后来，经纬仪被广泛地用于各项工程建设的测量。

图4-12   用于工程测绘的经纬仪

图4-13   子午工程的磁通门经纬仪（上）和三亚台站的北向标志（下）

与用于工程测绘的经纬仪相类似，磁通门经纬仪要测量的其实也是竖直角和水平角，也就是磁倾角（I）和磁偏角（D）。这两个角度确定了磁场的方向。该仪器主要由一个望远镜和两个磁力仪组成。望远镜用于瞄准远处的一个标志，确定正北的方向（一般将北极星的方向定为正北）。调整两个磁力仪的方向，使磁力仪的读数为0。这时，磁力仪跟磁场方向垂直。那么，跟两个磁力仪方向都垂直的方向就是磁场的方向。两个磁力仪的方向与正北方向的夹角，也就是D、I的数值可从仪器的刻度盘上读出。

可以看出，以上几类地磁设备是相互配合的。Overhauser磁力仪和磁通门经纬仪可以测量地磁场的绝对值，而磁通门磁力仪测量的是磁场的相对值，感应式磁力仪测量的是磁场的变化。这样，形成了一个基本完整的地磁监测系统。

这些地磁设备在技术上都比较成熟，结构也不复杂，但对环境的磁洁净度要求很高，因此，安装这些设备的房子都是用特别挑选的石头盖成的，有的设备还被置于地下室中。

图4-14　磁测室（子午工程长春台站）

② 第二招：电场探测

（1）上天入地的电场

当你看到闪电的时候，就应该坚信大气中存在电场。美国科学家本杰明·富兰克林（1706—1790）仔细观察并研究了雷、闪电和云的形成，提出了云中的闪电和摩擦所产生的电性质相同的猜测。1752年，他在费城进行了震动世界的电风筝实验：在雷电交加的情况下，利用风筝将大气中的电收集到莱顿瓶中，使其充电，由此证明了他所提出的"闪电和静电的同一性"设想。

图4-15　富兰克林用风筝收集雷电

其实一直有人怀疑富兰克林是否进行过电风筝实验，因为这是极其危险的行为，另外一位科学家格奥尔格·威廉·里奇曼就因为类似的实验而丢掉了性命。但富兰克林确实对大气中的电现象进行了大量的研究，还提出了避雷针的建议。

现在，科学研究结果告诉我们，大气中确实普遍存在着电场。地面带负电，大气电场的方向指向地面，但在雷暴区域电场的方向则相反（实际上雷暴对地球充电就是形成大气电场的原因）。所以，在天地之间就形成了电流回路：电流从大气流到地面，又在雷暴区域从地面回到大气。平均而言，大气电场强度在陆地上为120伏每米，在海洋上为130伏每米。在工业区，由于空气中存在高浓度的气溶胶，电场会增至数百伏每米。虽然每个人从头到脚之间的大气电势差可达二三百伏，远远超过人体的安全电压（36伏），但因为大气的导电性非常低，大气中的电流是非常小的（流向整个地球的电流也就是1800安培），所以"浸泡"在大气电场中的人们能够安然无恙。

　　不仅大气中存在电场，地球内部也同样有电场存在。它主要是电离层中的电流在地下感应产生的电场，当然，地壳中的某些物理化学作用也会产生相应的电场。前者称为大地电场，后者叫作自然

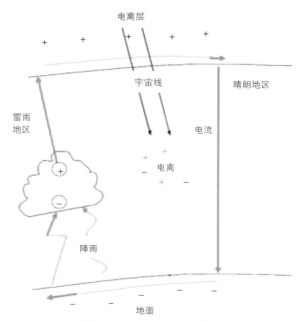

图4-16　大气电场的成因

电场。对于空间环境的研究来说，人们更为关注的当然是大地电场。1830年，英国科学家福克斯（P.Fox）最先在黄铜矿上观察到了自然电场。由于当时科学水平有限，他未能认识这种电场的本质。1847年，巴洛（W.H.Barlow）从电话线中最先发现了大地电场引发的电流。1859年大磁暴（即为大家所熟知的"卡林顿事件"）期间发生了强烈的极光和地电流，严重干扰了通信工作。从此，地电流观测被通信部门所重视。

　　因为趋肤效应，大地电场强度随地层深度按指数规律衰减，所以，地表的电场强度是最大的。在地球表面，陆地的平均电场强度约为20毫伏每千米，海洋的平均电场强度约为0.4毫伏每千米。对于1000千米甚至几千千米的长距离输电线路或输油管线来说，大地电场加在两端的电压足以造成破坏性影响。这是空间天气影响人类生活的一个重要方面。

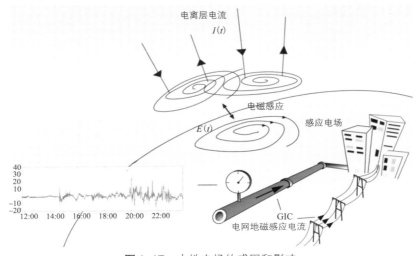

电离层电流
$I(t)$

电磁感应

$E(t)$ 感应电场

GIC
电网地磁感应电流

图4-17   大地电场的成因和影响

（2）子午工程的电场探测设备

地电场仪

大地电场的测量其实就是要测量两点之间的电压。我们最容易想到的方法可能是采用多用电表，那是最为简单的了。但是，日常用的多用电表对于微弱的地电场来说精度实在太低了。地电场仪与多用电表的工作原理基本相似，只是真正的地电场仪要复杂得多。

在地电场仪中，电极是非常关键的部件。其作用是将地表土壤电位传递到金属导线上，由导线输送至测量仪器。

图4-18   用多用电表测量电压

由于土壤是离子导电体，金属导线是电子导电体，若金属导线和土壤直接接触，则不可避免地出现一个介于两种不同导电介质之间的极化电位。这将在测量回路中产生一个附加的电极电位差，影响测量精度。良好的电极可以尽量降低这种极化电位，并且使得不同电极的极化电位基本一致。

为了使电极与大地之间接触良好，地电场仪的电极需要埋入地下，而且每一对电极的安装距离都要尽量拉大，以增强检测信号。1865年，在英国的格林尼治天文台上建立的第一个地电观测点，电极之间的距离约为15千米。当然，由于电子技术的发展，仪器对弱信号的检测能力大幅提高，电极之间的距离可以缩短到几百米。

子午工程的地电场仪采用五个电极，分别选择东、南、西、北、中位置埋到地下。测量各个电极之间的电压，就可得到地电场在南北、东西方向的强度。

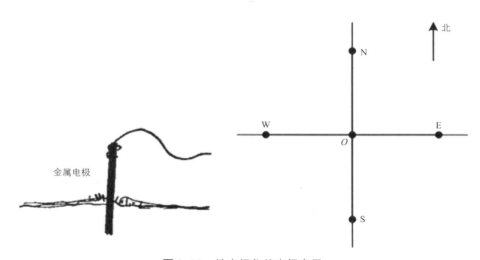

图4-19 地电场仪的电极布局

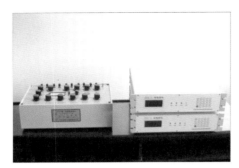

图4-20　子午工程的地电场仪

大气电场仪

对于大气电场的测量，目前较多地采用平板天线测量法、旋转式大气静电场仪和大气电场探空仪。平板天线测量法利用天线和大地之间的电压来测定大气电场，而大气电场探空仪则是用火箭将电场探测设备送到高空，直接测量云层中的大气电场。

子午工程的大气电场仪是一种旋转式大气静电场仪。它由电机驱动一块挡板，交替地遮挡或暴露感应面板。遮挡的时候因为金属的屏蔽作用，大气电场不能进入，感应面板上没有感应电荷；而挡板移开时大气电场作用到感应面板上，就会产生感应电荷，在连接面板的电路中产生电流。依据电流的大小，可计算大气电场的强度。

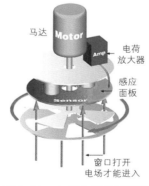

图4-21　大气电场仪原理图　　　　图4-22　子午工程的大气电场仪

③ 第三招：无线电波探测

（1）无线电波的真容

虽然人类用肉眼看不见无线电波，但它却可以说是我们日常生活中"最常见"的事物。无论你身在何处，打开收音机，调到指定频道，即可接收到来自远方的音乐、新闻；打开电视机，即可观看远在美国的 NBA 比赛；无论走到哪里，你携带的手机总能被人呼叫。不仅人类"制造"的这些无线电波弥漫在我们的周围，自然界本来就存在各种无线电波在宇宙空间往来穿梭。宇宙中的各种星体，每时每刻都在向外发射频率各异的无线电波信息。如果考虑到无线电波只是某个频率段的电磁波，与光波、X射线等并没有本质的区别，人们很自然就能意识到无线电波是无处不在的。

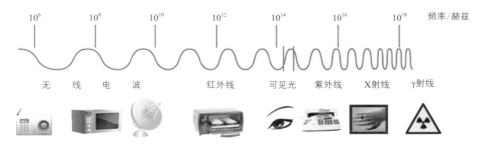

图4-23　电磁波的频率分布

实际上，"无线电波"是一个从实用的角度来定义的概念，它是指用于通信的电磁波，频率范围大约为3000赫兹到300吉赫兹。在使用无线电波通信之前，电报、电话等通信系统都依赖于电缆来传递信息。1893年，在美国密苏里州圣路易斯，尼古拉·特斯拉首次公开展示了没有电缆的通信技术。后来，他获得了无线电波技术的专利。不过，现在大家一般认为是马可尼发明了无

图4-24　马可尼在电报机前

线电波设备，这是因为美国专利局于1904年将专利改授予了马可尼。其间的专利纷争，今天已难窥其究竟。不过，特斯拉和马可尼都对无线电波设备的发明做出了贡献，这是毋庸置疑的。

　　由于具有频率在传输过程中保持不变等特性，因此无线电波非常适合用于传递信息，也就是无线电波通信。在20世纪初——靠书信和昂贵的有线电话进行通信的年代，无线电波的应用产生了革命性的影响。从此，人们可以自由地架设无线电波通信台，完成任意两点或者多点之间的信息传递，极大地提高了通信效率，从而让马匹、信使传递信息的时代一去不复返。

　　经过百余年的发展，各种新的无线电波业务不断涌现，无线电波业务的种类日益增多。依据国际电信联盟《无线电规则》和《中华人民共和国无线电频率划分规定》定义的无线电波业务达43种之多。无线电波法规为不同的业务分配了特定的频率，以使它们互不干扰。

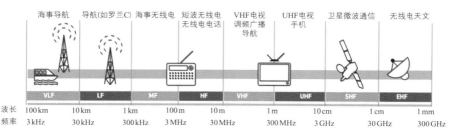

图4-25　无线电波的频段业务划分（部分）

其实，无线电波并不是一个完美的"信使"，它也有缺点，即它的传输会受到周围介质的影响，如出现速度变慢、折射拐弯、散射、反射等现象。在无线电波通信专家看来，这些现象大多是需要采取措施予以规避或者减缓发生程度的。但它们也常常被人们加以利用，用来探测电波传输路径上介质的各种特性。子午工程的无线电波探测设备就是利用了这一点。在此，无线电波的缺点变成了优点。

无线电波通过电荷与周围物质发生作用。对于地球空间环境来说，电离层的电荷最为丰富。所以，在空间环境探测中，无线电波的主要探测对象是电离层。实际上，电离层的发现就是受马可尼跨大西洋无线电波通信试验的启发。

（2）子午工程的无线电波探测设备

数字测高仪

数字测高仪利用了电离层反射无线电波的特点。垂直向上发射一定频率的无线电波，电波会在电离层的某个高度反射回来，测量电波的传播时间，就可以计算出反射点的高度，而反射点高度的电子密度与电波的频率之间是一一对应的。这是数字测高仪工作的基本原理。

通过发射多个不同频率的电波，就可以得到不同高度处的电子密度。以频率为横坐标、高度为纵坐标，绘制一条曲线，形成的图像就是电离层的频

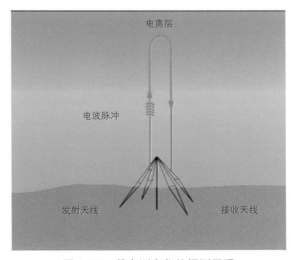

图4-26 数字测高仪的探测原理

图4-27 子午工程电离层数字测高仪
的发射天线（上）和室内主机（下）

高图。这是数字测高仪产出的主要数据。

因为超过电离层临界频率的电波不再返回地面，数字测高仪只能探测电离层电子密度峰值高度以下的部分。超过这个高度的电离层的探测，可以采用卫星探测方法或者直接采用模式计算代替。

全世界有大量的测高仪在不停地对电离层进行测量。子午工程分别在漠河、北京、武汉、海南和南极中山站安装了数字测高仪。

子午工程的数字测高仪5分钟就可以完成一次频率扫描，生成一幅电离层频高图。依据上述原理，数字测高仪生成的频高图应该是一条规则的曲线，但实际的频高图往往非常复杂，呈现出散乱的特征。这是因为电波的传播和反射过程受到很多因素的影响。首先，电波的速度受介质（中性与电离大气）的影响，采用真空光速计算的高度（时间乘光速）是不真实的；其次，电离层中的带电粒子受到磁场的约束，在电波的作用下其运行并不自由，导致反射的电磁波产生复杂的极化现象；另外，电波可能在地面和电离层之间多次反射。这些因素会造成仪器接收到的回波非常复杂，增加了数据处理的难度，但也提供了很多其他有用的信息。

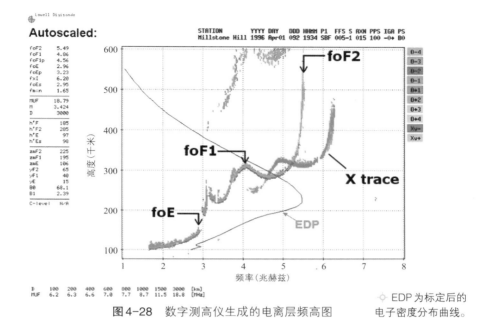

图 4-28 数字测高仪生成的电离层频高图

◇ EDP 为标定后的
电子密度分布曲线。

对电离层频高图进行分析，可以得到电离层的一些关键参数，如 E 层临界频率（foE）、F1 层临界频率（foF1）、F2 层临界频率（foF2）、电子密度曲线等。这项工作很具挑战性，虽然生产仪器的厂家已经提供了自动度量的软件，但很多时候还需要人工参与。

非相干散射雷达

如果频率足够高，向上发射的电波将穿过电离层而不再被反射回来（一般频率高于 30 兆赫兹即可，子午工程的非相干散射雷达频率为 500 兆赫兹）。但这时带电粒子还是会对电波造成散射，就像阳光被浮尘散射一样。非相干散射雷达通过接收和处理这种散射信号，可以探测电离层带电粒子的密度、温度、速度等多个物理参数。

由于这种电波散射信号非常微弱，要求发射脉冲的功率大，接收的天线也要大，所以这类设备造价很高。可以粗略地计算，在

图4-29 子午工程非相干散射
雷达的天线（上）与天线罩（下）

500千米高度上、10000立方千米的体积内，所有电子的非相干散射的强度大约等于一枚硬币那么大的一个全反射面的散射强度。接收这种电波散射信号，就好比在相隔500千米处观察一枚硬币。子午工程的非相干散射雷达脉冲功率达到2兆瓦，相当于4万个50瓦的节能灯，天线的直径达到29米。

数字测高仪利用电波反射原理，最高能探测到电子密度最大的F层，也就是300多千米高度。非相干散射雷达则可以探测到1000千米高度，而且电离层里的一些精细结构也不能逃脱它的法眼。非相干散射雷达是目前世界上最强大的电离层探测设备。但由于造价高昂，全世界部署的非相干散射雷达屈指可数。

📖 **知识链接**

● **相干散射与非相干散射**　非相干散射是指散射的信号由于相位的随机性分布，不会形成共振加强或共振减弱的效应，散射信号的功率是所有电子散射信号功率的算术累加。相干散射是指不同位置的散射信号的相位之间存在某种同步关系，形成共振，造成接收到的散射信号功率增强。由此可见，相干散射信号一般较非相干散射信号要强一些。

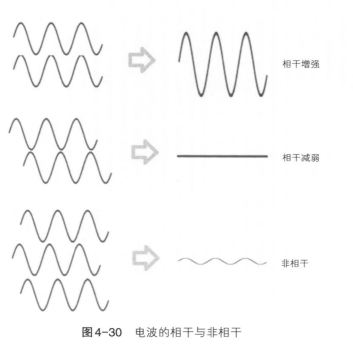

相干增强

相干减弱

非相干

图4-30 电波的相干与非相干

高频/甚高频相干散射雷达

子午工程还配备了其他一些利用散射原理进行测量的雷达，如海南的甚高频相干散射雷达、南极的高频相干散射雷达。这两部雷达利用电离层中一些不均匀结构对电磁波的相干散射，来探测这些不规则体的分布情况和运动速度。因为接收的回波可以相干共振，而且探测的高度要求也没那么高，所以其功率比非相干散射雷达低得多。

图4-31　子午工程甚高频相干散射雷达的室内主机（左）和室外天线（右）

　　要让散射信号形成相干叠加，电离层中的不规则体的尺寸应等于电波波长的一半。子午工程海南站的甚高频相干散射雷达的工作频率为47兆赫兹，波长约为6米，所以，它可以探测尺寸大约为3米的电离层不规则体。

　　理论表明，当电波的方向与地磁场垂直时，电离层不规则体对电波的后向散射信号最强。因此，子午工程海南站的甚高频相干散射雷达的天线指向是与当地上空的磁感线垂直的。但在中山站所在的南极地区，磁感线接近于垂直地面，中山站的高频相干散射雷达发射的电波并不与磁感线垂直。由于电离层对电波的弯曲效应，电波传播到一定高度时才会与磁感线垂直，在那里形成强烈的后向散射信号，沿着入射路径返回雷达。高纬度地区电离层受地磁扰动的影响，且日变化很大，对于任一给定频率的电波，在一天的不同时刻，它所经受的电离层折射不同，其强散射点的高度、位置也不同。这就要求雷达工作在一个较宽的频段上，在不同情况下可以选择不同的频率，以得到最佳的后向散射效果。子午工程南极中山站的高频相干散射雷达的工作频率可在8—20兆赫兹范围内调整。

由于高频雷达的电波可以经过电离层折射后到达地面，在地面和电离层之间多次被反射、折射，因此，该雷达可以探测很宽的电离层范围，回波信号的电波路径距离可以达到3000千米，不失为一种对电离层开展大范围探测的好装备。

电离层总电子含量（TEC）及闪烁监测仪

前面的几类电离层探测设备都是主动发射电磁波的，通常被称为雷达。子午工程还配备了一些不发射电波的被动式电离

图4-32　子午工程高频相干散射雷达的室外天线（上）和室内主机（下）

层探测设备，TEC（total electron content，总电子含量）及闪烁监测仪就是其中之一。

GPS卫星一般向地面发射两路频率不同的信号，由于电离层对电波的延迟作用，这两路信号到达的时间会有所不同，其时间差取决于电波路径上所遇到的电子数量。这里所说的电子数量就是TEC。

TEC可以根据GPS两路信号的时间差和相位差进行推算。同时它也可计算出接收信号的变化程度，也就是闪烁指数。子午工程分别在深圳和北京两地配置了TEC及闪烁监测仪。

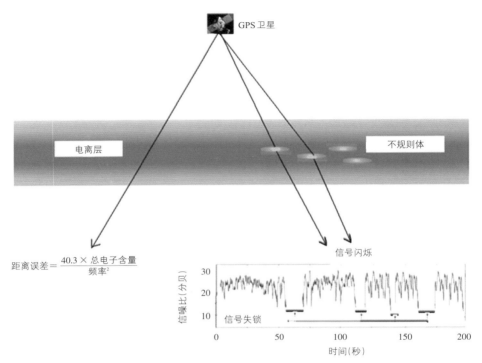

图4-33   TEC及闪烁监测仪的探测原理

图4-34   子午工程电离层TEC闪烁监测仪的主机（左）和天线（右）

电离层高频多普勒频移监测仪

我们知道，从一个运动的物体上发出的波会发生多普勒频移。如果观察者在运动物体的前方，那么所接收到的波频率会变大；反之波频率会变小。这也是迎面而来的汽车喇叭声和离我们远去的汽车喇叭声听起来不一样的原因。同样，如果电离层正在发生运动，它反射的电磁波频率就会发生变化，通过频率的变化，可以计算电离层的运动速度。

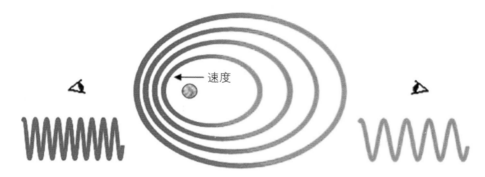

速度

图4-35　多普勒频移

子午工程的电离层高频多普勒频移监测仪就是利用电波的多普勒频移特性来监测电离层的。它接收从地面发射经电离层反射过来的标准信号（中国授时中心位于陕西的短波授时台所发射的授时信号，频率是10兆赫兹），通过

图4-36　电离层高频多普勒接收机

接收信号细微的频率变化来计算电离层的运动速度。多普勒频移的原理虽然简单，但由于电离层的运动速度相对光速来说十分微小，因此，要在接收信号上检测出微小的频率变化是一项十分具有挑战性的工作。

流星雷达

说起流星，人们首先会想到夜空中一划而过的美丽线条，或者是流星雨爆发期间壮丽的天象奇观。流星体以相对地心11—72千米每秒的速度进入地球大气层，其与大气碰撞产生的高温会将流星表面迅速烧蚀并电离化，在大气中的运行轨道上留下一段细而长的高密度等离子体柱，这就是流星尾迹。

图4-37 夜空中的流星

流星尾迹对无线电波具有散射作用，会将部分能量反射回雷达的接收天线。流星雷达就是依据这个原理开展工作的。因为在地球高层大气中，电离成分与中性成分是混合在一起的。其实，即使在电子密度最大的电离层F区，电子密度也只是中性大气密度的 $\frac{1}{1000}$。大气中的电离成分受中性成分的胁迫，跟随大气运动，这些电离成分就可以作为大气运动的示踪物。因此，流星雷达的探测目的往往是获取中性大气的风场、大气扩散系数等参数，电离成分只是被它利用的一个工具而已。

子午工程采用的全天空流星雷达是20世纪末发展起来的一种新型流星雷达。这种雷达用宽波束发射，利用空间天线阵进行干涉测量和流星尾迹自动识别技术，可获得70—110千米高度范围内的大气风场等参数。

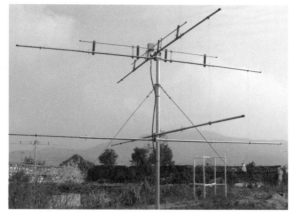

图4-38　子午工程全天空流星雷达的主机（左）和天线阵（右）

也许有人会问，我们看到的流星那么稀少，据此计算的大气风速可靠吗？实际上，每天都有许多大小不同的流星进入地球大气层，绝大多数被燃烧尽，这其中能够被肉眼看见的只是比较大的流星，更多的是那些亮度非常弱、无法被肉眼观察到的小流星。据统计，每天有几十亿颗流星进入地球大气层燃烧。有数量如此巨大的流星帮忙，科学家完全可以描绘出高层大气中完整的风场图像。

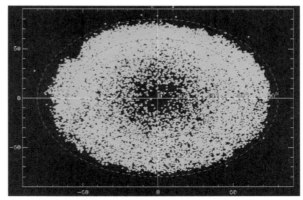

图4-39　子午工程全天空流星雷达
在一天内观测到的流星分布

MST雷达

电离层以下的大气中很少有自由电荷，但大气分子中的束缚电荷同样对无线电波产生作用，这将导致电波的散射、折射。当电磁波在大气中传播遇到空气介质或一定尺度的空气团时，电磁波会从这些介质或空气团上向四面八方传播开来，最终一部分电磁波返回至雷达站，并被雷达的天线系统接收到。

MST雷达就是利用空气介质对电波的散射效应，开展对大气的探测的。该雷达可以探测中间层、平流层以及对流层的上部。三个圈层英文单词的第一个字母分别是 M（mesosphere）、S（stratosphere）、T（troposphere），所以叫MST雷达。

子午工程在河北香河和湖北武汉各建设了一台MST雷达，工作频率分别为50兆赫兹、53.8兆赫兹，波束仰角为70°。这两台MST雷达可以工作于三个模式，分别对3.5—10千米、11—25千米、60—90千米的高度范围进行探测，是子午工程探测高度范围低端最低的一类遥测设备。

MST雷达有一个非常大的天线阵，由24行24列共576幅天线组成，其占地面积达到10000平方米，同时用来发射和接收电磁波信号。天线阵是该设备的"心脏"。机房内的雷达信号处理器，可以处理天线阵接收到的信号，并处理得到风场数据。

图4-40　子午工程武汉MST雷达的天线阵列（左）和机房（右）

行星际闪烁监测仪

天上的星星看起来往往给人一种闪烁的感觉，这是由于不稳定的大气对光线的折射造成的。实际上，这些星星除了发射可见光外，也在发射射电波（天文学家眼里的无线电波），在射电望远镜看来，星星也是闪烁的。因为地球"浸泡"在太阳风中，射电波在前往地球的过程中必定受到太阳风的影响。太阳风中一些不均匀的结构会对射电波产生闪烁作用，就像电离层对GPS信号的影响一样。依据这种闪烁特征，可以计算太阳风的速度。计算过程类似于通过地面上树叶的影子去推算树叶的摆动速度。利用这个原理进行工作的仪器叫行星际闪烁监测仪。

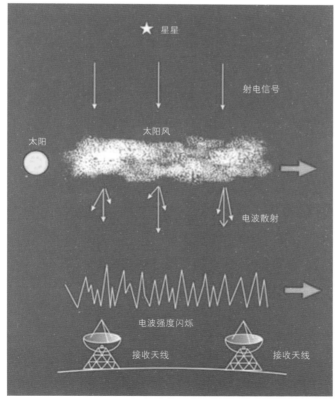

图4-41 行星际闪烁监测仪的探测原理

图4-42 子午工程行星际闪烁监测仪的天线（上）和数据处理系统（下）

子午工程利用中国科学院国家天文台原有的一个50米口径的天线，在其后端加装信号接收和处理系统，就构成了行星际闪烁监测仪。太阳风所在的区域距离地球超过7万千米，可见，行星际闪烁监测仪是子午工程探测距离最远的一台设备。

测得太阳风的速度，就可以提前预测太阳风暴到达地球的时间。所以测量太阳风的速度，对于空间天气的预报有非常重要的意义。美国在太阳和地球之间放置了一颗卫星（ACE），用来监测太阳风的速度等参数。行星际闪烁监测仪的目的之一就是要为空间天气预报提供数据。

④ 第四招：光学探测

（1）大气中的光影表演

行走在茫茫沙漠中，前面突然出现一座繁华的城市或者碧波荡漾的大海。喜出望外之余，你忍不住揉揉眼睛，确保自己不是在做梦。看到眼前的景象依然是那么真切，情绪顿时振奋。但不要高兴得太早，你亲眼所见的一切也许只是一种幻象，是远处的城市、大海的影像经过光的折射，拐着弯来到了你的面前。这就是难得一见的海市蜃楼，一场光的魔幻表演。

图4-43 海市蜃楼奇观

光在真空中以均匀的速度沿直线前进，有着非常"诚实"的秉性，是大气"成就"了海市蜃楼的奇观。进入大气中，光走得慢了，走弯路了，还会分解出各种各样的颜色，因而形成丰富多彩的光学现象。晚霞、彩虹、海市蜃楼和星光闪烁等，无一不是某种大气状态的反映。因此，采用光学的办法来探测大气的状态是非常有效的。

光也是一种电磁波。太阳发出各种波长的电磁辐射，可见光最容易到达地面，其他的辐射被不同高度的大气吸收或者散射。大气吸收辐射后，又会将能量释放出来，产生发光现象。我们稍微注意就可以发现，夜晚的天空也不是绝对黑暗的，存在着被称为"气辉"的发光现象。我们从中甚至可以清晰地分辨出大气中的一些波动现象，就像湖面的水波一样。由于不同高度处的大气成分不一样，所以不同高度的大气发出的光的波长是不一样的，也就是颜色不一样。例如，氧原子在250千米高度附近含量集中，这个高度的大气主要发红光。

图4-44　夜空气辉现象，从中可以看到重力波的踪迹

光的散射是日常生活中常见的光学现象。一束阳光射进黑暗的屋子里，让光束中的浮尘现出原形。也正是浮尘对阳光的散射，让光束变得更加清晰。实际上，不仅仅浮尘会对光造成散射，小到大气原子，大到雾霾颗粒，都会产生相似的效果。当然，其中的规律又不尽相同。

科学家瑞利发现，当阳光穿过大气层受到大气分子散射时，散射强度与光波波长的四次方成反比，也就是波长越短，越容易被散射，这种散射被称为"瑞利散射"。从红色到黄色到绿色到蓝色，波长越来越短，蓝色光最容易被散射，因此我们看到天空是蓝色的。

如果阳光遇到比空气分子更大的粒子会怎么样呢？云层中含有大量的水滴、冰晶等颗粒，尺寸比分子大得多。在这种情况下，不同颜色的光基本上以同样的方式被散射，这就叫"米散射"（Mie散射），是科学家米（Mie）发现的散射规律。Mie散射的

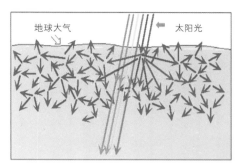

图4-45 大气对阳光的散射（左）让天空变成蓝色（右）

结果是使得云看起来是白色的。瑞利散射与波长关系密切，而Mie散射的强度只随波长的变化轻微变动，而且与瑞利散射的变化趋势是相反的，也就是说，红色光更容易被散射。日出的时候，天空中含有较多的水蒸气，Mie散射常常给天空染上一层暖暖的红色。雾霾天看起来灰蒙蒙的，这也是Mie散射的结果。阴天时，空气中水分含量较高，加上市区内粉尘等大粒子的存在，也会发生Mie散射，使天空呈现红色或粉色。

荧光也是我们日常生活中常见的发光现象。日光灯发出的就是荧光。实际上灯管里最初产生的是高速运动的电子，

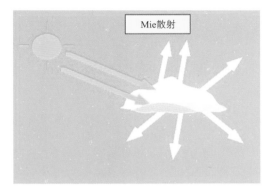

图4-46 Mie散射（上）
让云看起来是白色的（下）

◇ 云粒子对可见光所有波长的散射使得云看起来是白色的。

电子撞击汞蒸气发出紫外线，灯管壁上喷涂的荧光粉在紫外线的
照射下发出白光，这其实是一种光的散射现象。当原子受到外来
光照射后，其中的电子将跃迁到高能级；很快电子又将回落到低
能级，释放光子，产生荧光。这种光致发光的现象就叫荧光散射。

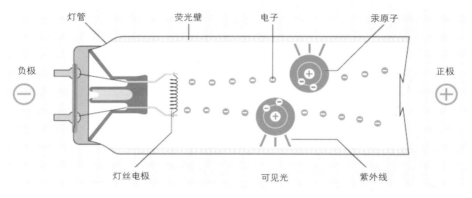

图 4-47 荧光灯工作原理

气辉、瑞利散射、Mie 散射、荧光散射等大气光学现象，让我
们生活的世界五光十色、光怪陆离，也为我们提供照明的光源。
同时，因为它们所蕴藏的关于大气的丰富信息，很多大气探测设
备依据相关的原理而被设计制造出来。子午工程就配置了好几类
光学设备，用于多种大气参数的探测。

📑 **知识链接**

• **气辉**　气辉是高层大气光化学过程的产物。白
天，太阳光将大气中的分子或原子激发至较高的能态，
或使分子振动起来；到了夜间，这些分子或原子就会跃
迁回基态，此时释放出来的一定波长的光造成了气辉
现象。

因参与作用的大气成分和过程的不同，气辉辐射的波长不同，气辉也就呈现出不同的色彩。比如，氧原子发出的波长558纳米的气辉颜色接近绿色。大气中主要的气辉还包括氮（N_2）气辉、二氧化碳（CO_2）气辉、氢氧（OH）气辉、氧分子（O_2）气辉等，它们的颜色各不相同。因大气成分随高度变化，故各种气辉的高度分布也不同。气辉的强度取决于相应大气成分的密度，而大气密度的疏密变化就会形成大气波动，所以，气辉为科学家探测大气波动现象提供了很好的途径。

图4-48 天际线附近的气辉现象

（2）子午工程的光学探测设备

激光雷达

说到雷达，人们首先想到的是一种发射电波的设施。如果人们能清楚地意识到光也是电磁波的一种，那么，看到"激光雷达"这个名词也就不以为怪了。既然发射和接收的都是电磁波，激光雷达和无线电波雷达在工作原理上总有几分相似之处。它们都依据电磁波的传播时间来计算探测目标的距离，利用接收信号的强弱来计算目标介质的密度、折射率等参数。

子午工程的激光雷达针对不同高度的大气，同时利用瑞利散射、Mie散射、荧光散射，尽可能地实现对大气不同高度的探测。雷达采用绿色的激光（波长532纳米）来激发大气的瑞利散射，这个过程一般发生在比较低的高度（30—80千米）；而黄色的激光（波长589纳米）可以达到100多千米高度。在110千米高度附近有一个由于流星燃烧而形成的金属原子密集的区域，其中钠原子容易对黄色光形成荧光散射。所以，子午工程的激光雷达可以探测低层的大气密度，也可以探测110千米高度上下的钠层密度。如果加上多普勒频移等方法，还可以探测大气的运动速度。在假定大气是理想气体的条件下（温度越高，大气密度越小），可以通过密度计算大气温度。

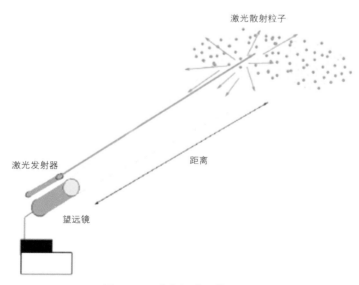

图4-49　激光雷达工作原理

　　激光雷达接收系统的主要部分是一台望远镜，用于测量散射光的强度。子午工程激光雷达的望远镜的直径达到1米，可以让激光光柱的大部分落入它的视野，计算从不同高度散射回来的光子数。

　　由于探测技术的限制，中高层大气尤其是30—120千米高度范围内的中层大气，是大气中最少被人们了解的区域。由于中高层大气的特殊位置，对气球探测而言太高，对卫星探测而言又太低，激光雷达则刚好填补了这个空白，成为子午工程非常重要的一类大气探测设备。

图4-50　子午工程激光雷达指向天空的光柱（左）、
　　　　激光发射器（中）、望远镜（右）

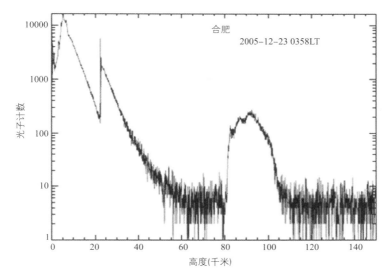

图4-51　合肥钠原子荧光共振激光雷达接收光子数随高度变化图

◇ 可以看到，80—110千米高度范围内信号明显增强。

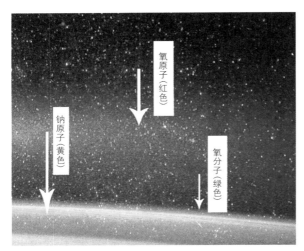

氧原子（红色）

钠原子（黄色）

氧分子（绿色）

图4-52 不同高度的气辉

全天空气辉成像仪

全天空气辉成像仪本质上是一台照相机，类似于我们用肉眼看天空。气辉成像仪通过滤光，选择一定波长的光来进行观测。由于大气成分随高度不均匀分布，因此，所观测到的大气波动是一定高度上的现象。比如，氧原子在250千米高度聚集，如果选取对应波长630纳米的光进行观测，看到的就是250千米高度的大气波动现象。

子午工程的气辉成像仪通过更换不同的滤镜，可以探测80—250千米高度（中间层顶、热层）的气辉辐射强度。探测数据可以用于重力波等大气波动的水平结构和传播特性的研究。

虽然经过了滤光，但气辉成像仪对日光、月光、星光都是很敏感的。所以，该类设备只能在夜间工作，同时尽量避免在满月期间工作。

图4-53 子午工程气辉成像仪的室内主机（左）和相机罩（右）

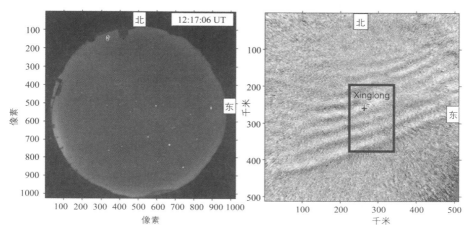

图4-54　气辉成像仪所拍摄的照片（左），放大后可看到明显的大气波动（右）

光学干涉仪

多普勒频移效应在无线电波、光学的探测里用得非常普遍，几乎所有的设备，包括前面介绍的那些无线电波设备都可以用上多普勒频移效应。比如，氧原子发出630纳米波长的光，但仪器观察到的并不刚好是630纳米，而是会出现一个偏移量，这就是发光的原子相对仪器运动而产生多普勒频移效应的缘故。

多普勒频移的偏移量是非常小的，如何去测量这个偏移量是一个很大的挑战。为此，科学家采用光学干涉的方法。日常生活中光发生干涉的现象很多，比如，日光的干涉会在肥皂泡上产生色彩斑斓的条纹。当然，观测仪器需要的是稳定的干涉图像，不能像肥皂泡上的条纹一样变幻莫测。

图4-55　肥皂泡上的光学干涉现象

　　同一束光经过反射、折射后形成两路频率一样的光，在投影面上离中心不同距离的圆环上，两路光产生叠加作用，形成明暗相间的环形图案，这是光学干涉仪的基本原理。光学干涉仪得到的干涉图像就像我们射击用的靶子——一圈一圈的同心环。环与环之间的间距与光的波长有关，而环的粗细则与发光点处大气的温度有关。科学家将观测得到的干涉图样与标准的图像（采用标准频率经过理论计算得到的干涉图像）作对比，就可以得出接收到的光与标准光之间的频率差。再通过多普勒频移方法计算，可推知大气的运动速度。

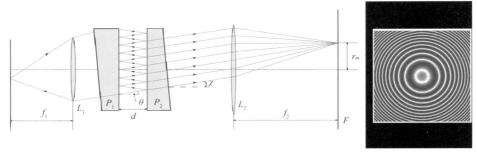

图4-56　光学干涉仪原理

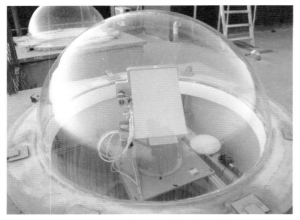

图4-57　子午工程的光学干涉仪

　　子午工程的光学干涉仪通过使用不同的滤光片，可以获取几个不同高度处的大气风场和温度数据：630.0纳米（O）对应250千米，557.7纳米（O）对应98千米，892.0纳米（OH）对应87千米。

极光光谱仪

光谱仪，也称分光仪或分光光谱仪，是将成分复杂的光分解为光谱线的科学仪器。它由一个入射狭缝、一个色散系统、一个成像系统和一个或多个出射狭缝组成，通过色散元件将辐射源的电磁辐射分离出所需要的波长或波长区域，并在选定的波长上（或扫描某一波段）进行强度测定。

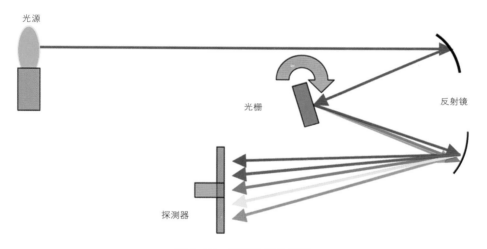

图4-58 光谱仪工作原理

光谱仪有多种类型，除了在可见光波段使用的光谱仪以外，还有红外光谱仪和紫外光谱仪。按色散元件的不同，可分为棱镜光谱仪、光栅光谱仪和干涉光谱仪等。按探测方法分，有直接用眼观察的分光镜，用感光片记录的摄谱仪，以及用光电或热电元件探测光谱的分光光度计等。光谱仪也分为单色仪和多色仪两种，单色仪是通过狭缝只输出单色谱线的光谱仪器。

子午工程使用的极光分光光谱仪属于可见光频段的多色光谱仪，可将极光中可见光频段的光分解，得到其谱线位置和强弱信息。目前，极光中所包含的谱线位置已基本确定，利用极光分光光谱仪观测，通过分析极光多普勒效应，可推测发光粒子在电离层中的运动情况。

图4-59　子午工程南极中山站的极光分光光谱仪

⑤　第五招：宇宙线探测

（1）不肯止步的信使

宇宙线是速度接近光速的高能粒子，而不是真正的射线。1912年，德国科学家韦克多·汉斯带着电离室，在乘气球升空测定空气电离度的实验中，发现电离室内的电流随海拔升高而变大。他认为电流是来自地球以外的一种穿透性极强的射线所产生的，于是有人为之取名为"宇宙线"。这些超高能量的粒子源自太阳、其他恒星和天体（如超新星、中子星、黑洞等），它们对人类来说是致命的，幸好大气层阻止了宇宙线直达地面，保护了人类的安全。

　　其实，宇宙线并非只是为空间环境研究者所关注，天体物理、高能物理领域的科学家更是将其视为探索宇宙起源的一把"钥匙"。因为宇宙线携带着宇宙起源、天体演化的重要信息，又被称作"银河陨石"，或传递宇宙大事件的"信使"。研究宇宙线及其起源，是人类探索宇宙的重要途径。2004年，美国国家科学技术委员会（National Science and Technology Council，NSTC）确定了11个世纪谜题，宇宙线起源及其加速机制便在其中。

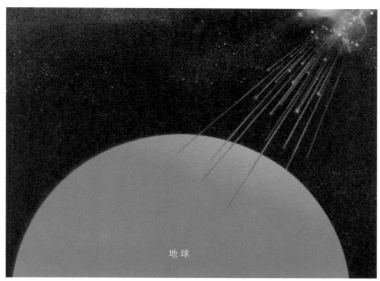

图4-60　射向地球的宇宙线

　　由于宇宙线粒子运动速度极大，尺寸又极其微小，所以对它们的探测是件很有挑战性的事情。有一个极端的例子：由于基本不跟任何物质发生作用，宇宙线中的中微子甚至在径直穿过地球后运动速度不受一点影响。为了抓住超快的宇宙线粒子，科学家们想了很多方法。依据探测对象是否为原始宇宙线，可将这些方法分为直接探测法和间接探测法两类。

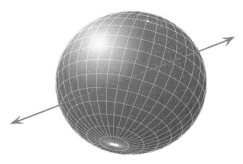

图4-61   中微子穿透地球毫不费劲

直接探测法。能量在10^{14}电子伏特以下的宇宙线粒子，通量足够大，可采用直接探测法。由于地球大气对宇宙线的阻止作用，直接测量宇宙线需要在大气层外或大气层顶部进行，卫星、空间站和高空气球是常用的工具。直接探测能够比较准确地得到宇宙线的信息，包括宇宙线的成分、能谱等。然而送上天的设备不能太大，这使得直接探测的能力受到限制。

间接探测法。能量超过10^{14}电子伏特的宇宙线粒子，由于通量小，必须使用间接测量法，也就是通过分析原始宇宙线与大气的作用，反推原始宇宙线的性质。宇宙线和大气发生相互作用产生次级粒子，次级粒子进一步产生三级粒子，并如此发展下去，科学家称之为广延大气簇射。广延大气簇射由法国物理学家奥格尔于1938年发现。

图4-62   使用气球到高空探测宇宙线

图4-63　宇宙线与大气的作用

　　探测大气簇射有三种方法：地面或者地下安装探测器阵列，运用大气切伦可夫望远镜，运用大气荧光望远镜。第一种方法通常需要由多个带电粒子探测器组成阵列，分布于广大的区域，才能捕获到足够多的次级粒子。切伦可夫望远镜可探测由簇射次级粒子产生的切伦可夫光，荧光望远镜可探测簇射带电粒子游离氮气产生的荧光，这两种方法实际上是将大气当成一个巨大的探测器。

　　为了降低大气对宇宙线的阻止效应，获得更高的宇宙线粒子计数，地面的宇宙线探测设施往往建设在海拔很高的地方。中国科学院高能物理研究所在位于青藏高原的羊八井建设了大型宇宙线观测站，其海拔达到4300米。

图4-64　西藏羊八井宇宙线观测站

（2）子午工程的宇宙线探测设备

μ子望远镜

让宇宙线粒子入射到一种可以产生电离闪光的物质中，计算闪光的次数，即可知道入射宇宙线粒子的数量。子午工程的μ子望远镜就是利用这种方式来探测μ子的。μ子望远镜中采用的闪烁体是一种跟塑料类似的材料。将几块闪烁体叠在一起，是为了分辨宇宙线的方向。因为该仪器可以分辨宇宙线入射的方向，所以被称为望远镜。

子午工程的μ子望远镜包括探头阵列、电子系统和终端记录系统三部分。望远镜的探头阵列共由24个单元组成，每个单元包括塑料闪烁体、光导箱、光电倍增管及匹配输出电路。探头阵列分上、下两层对称搁置，中间覆盖一铅层，以滤除来自地球空间自身的、能量不是很高的干扰粒子。当高能宇宙线粒子（主要是μ子）射入塑料闪烁体时，闪烁物质受激发出荧光，这些荧光光子经过光导箱的漫反射、折射后，有部分击中光电倍增管的光阴极，打出光电子，光电子信号在光电倍增管内放大，最后在阳极

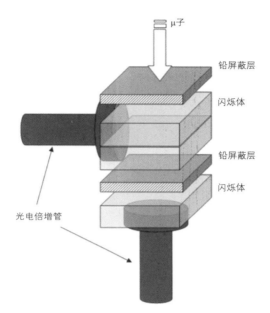

图4-65 μ子望远镜原理

出现一个电脉冲信号。该脉冲经过射极输出器进行阻抗匹配后，送至电子线路系统。一般可以简单地认为，探头接收一个宇宙线带电粒子，便输出一个电脉冲，电脉冲的数量便是宇宙线的数量。

图4-66 子午工程μ子望远镜的探头阵列

📖 知识链接

● **什么是μ子** μ子是构成物质的基本粒子（不能再分割的粒子）的一种。1936 年，加州理工学院的卡尔·安德森在研究宇宙线时注意到，有一种带电粒子在磁场中的飞行轨迹与任何已知的带电粒子的飞行轨迹都不同。在速度相同的情况下，这种粒子的轨迹比电子的轨迹直一些，但比质子的轨迹弯曲得多。安德森在 1937 年利用云室实验，证实了μ子的存在。

现在我们知道，μ子所带的电荷与电子一样多，但质量是电子的 200 多倍。到达地面的μ子是宇宙线与大气分子碰撞的产物。1 平方米的地表面积上，每分钟大约会有 10000 个μ子穿过。

中子探测器

宇宙线中子是由宇宙线初级粒子与空气原子核相互作用而产生的。探测宇宙线中子，要采用专门的减速材料包围探测器，使快中子减速。然而，由于大气对宇宙线的衰减作用，导致大气深处的中子通量很小。因此，一般计数器的计数率很低，相应地，误差被放大。为了克服上述困难，研究者想到采用局部产生中子的方法，使快中子与中子管周围的局部浓缩物质（如铅）发生核反应，产生次级中子。利用这种方法，可以增加中子计数，提高测量精度。

从中子探测管的横截面对其构造一窥究竟。最外边是由石蜡组成的反射层，这是屏蔽其他非宇宙线能量粒子的。接下来是由铅组成的产生层，中子入射到这一层后会生成多个能量低一些的

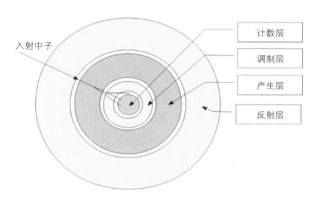

入射中子

计数层

调制层

产生层

反射层

图4-67　中子探测器计数管外形（上）及其内部构造示意图（下）

中子。这些中子经过里边一层的减速后，入射到装有三氟化硼气体的计数管中，对其中的气体进行电离，形成电信号。计算电信号数量，就实现了对中子的计数。

由于大气层对宇宙线的吸收作用，不同大气深度的地理位

图4-68　子午工程的宇宙线中子探测器

置所探测的宇宙线数量会有所不同。为了便于不同地点宇宙线探测数据的对比，子午工程的中子探测器还测量并记录当地的大气压，和中子计数一同传输至子午工程数据中心。

⑥ 第六招：火箭探测

（1）多才多艺的火箭

2011年7月7日，在位于海南省儋州市的中国科学院海南探空部，子午工程"鲲鹏1号"探空火箭腾空而起。

43秒，高度60千米，箭头与箭体分离；

46秒，高度65千米，探测仪器全部进入工作状态；

215秒，达到196千米轨道顶点；

420秒，再入大气层，飞行试验结束。

短短420秒，凝结了上百人近三年的心血。但这种付出是值得的。火箭探测相比子午工程的其他探测设备而言，最突出的优点是"身临其境"，可以直接获取空间的各类物理参量。前面所讲的各种地基探测设备可以在固定地点对空间进行长期的间接观测，获得遥感探测数据。虽然地基探测设备都经过严格的标定，但数据的可靠性总是不如身临其境的火箭探测那么直接。所以，火箭探测常常被当作地基探测设备的定标、校正手段。尽管火箭是要发射脱离地面的，而且是一次性的，难以归入地基探测的范围，但子午工程还是将其作为自身的一个重要组成部分。

当然，能够进入太空开展探测的不仅仅是火箭。在空间不同高度，有不同的人造飞行器。这些飞行器各有特点和作用，相互

图4-69　子午工程探空火箭点火升空

补充。卫星、飞船等航天器可以在300千米以上的高度进行长时间的科学探测，若低于300千米，由于大气密度高，飞行器将过快坠落；气球可以在长距离、长时间内探测40千米以下的大气参数，若高于40千米，由于大气密度过低，因而没有足够的浮力；而在40—300千米高度范围，就是火箭大展身手的好地方了。火箭是在这个高度进行科学探测和试验的有效手段，特别是在40—100千米高度范围，大气稀薄，电离成分密度低，对该高度的探测，不是子午工程的地基探测设备的强项，火箭探测刚好弥补了这个不足。

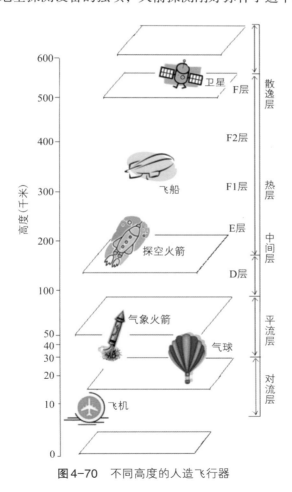

图 4-70 不同高度的人造飞行器

火箭是一个大家族，包括各种不同用途的成员。最早的火箭主要用于战争。作为历史悠久的投射武器，中国古代的火箭就是现代火箭的鼻祖。早在1232年，宋朝军队保卫汴京时，就已经用火箭来对抗元军了。后来火箭技术经由阿拉伯人传至欧洲。18世纪，印度在对抗英国和法国军队的多次战争中，曾大量使用火箭武器，获得良好的战绩，由此带动了欧洲火箭技术的发展。随着运载能力的增强，精密的导引与控制系统的应用，火箭可以承担的任务越来越多样化，其作用也越来越重要。研制洲际导弹、发射卫星、登陆月球、登陆火星等任务的完成，无一不是建立在强大的火箭技术的基础上。在火箭上还可以进行微重力物理实验、生物实验、空间技术试验、核试验取样等。

图4-71　投掷炸药的火箭（导弹）

虽然火箭家族的成员众多，但它们都是利用作用力与反作用力的原理，通过向后高速喷射燃气而获得向前的加速。在航天工业，为了获得更大的射程，火箭往往采用多级推进。每一级的燃料耗尽后将被抛弃，由下一级继续推进，最后到达预定区域完成预定任务的主要是有效载荷部分。载荷舱与箭体之间安装有分离舱，以确保载荷舱与箭体安全分离。

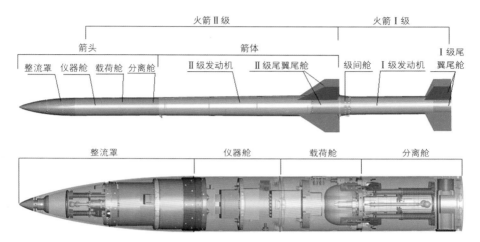

图4-72　探空火箭外形结构示意图（上）和箭头内部布局图（下）

发射火箭是一项复杂的系统工程，涉及有效载荷系统、运载系统、遥测系统、应用系统、发射场系统。其中，飞行到空中的是有效载荷系统和运载系统，运载系统保证火箭按照预定弹道飞行，将有效载荷系统送到空中进行观测和科学试验。地面运行的是遥测系统和应用系统，遥测系统实现火箭的跟踪与定位，以及数据的接收和预处理；应用系统从遥测系统接收火箭探测数据及发射场地基监测数据，对科学探测数据和辅助工程数据进行处理、传输、存储、实时监视、标准化输出和可视化处理等。发射场系统提供发射场试验的技术和后勤保障，为火箭总装、测试、发射测控提供良好的操作条件，以支持和保障发射场的探空火箭试验。

用于探测目的的火箭根据探测目标不同，可分为气象火箭和探空火箭。气象火箭飞行高度一般在60千米以上150千米以下，主要探测气象参数，一般到达顶点后由降落伞带着仪器缓缓下降；而探空火箭飞行高度一般在150千米以上。探空火箭发射高度大，降落伞无法使用，火箭只能沿着抛物线自由运动。部分火箭还有姿态控制系统，用于控制火箭的指向。

（2）挑战至高的探空火箭

图4-73　在发射架上的子午工程"鲲鹏1号"探空火箭

相比气象火箭，探空火箭是攀高能手。其飞行高度可以远远超越电离层，直至极度真空的磁层。探空火箭在临近空间探测、建立中高层大气模式、航天器安全保障、微重力科学实验、空间科学论证等方面有着极其广泛的用途。探空火箭所获取的资料可用于天气预报、地球和天文物理研究，能够有效地促进空间探测和空间天文的快速发展，是空间科学研究领域的多面手。

子午工程第一枚探空火箭于2011年发射，轨道顶点高度是196千米。由于火箭速度很大，有效工作时间仅有几分钟。该探空火箭搭载了朗缪尔探针、电场仪、大气微量成分探空仪，首次探测了海南省附近临近空间大气中的臭氧（O_3）和二氧化氮（NO_2）含量，以及电离层的电子、离子密度和电场强度。

图4-74　子午工程探空火箭搭载的仪器

（3）细致稳重的气象火箭

气象火箭用于探测高空大气热力学参数（如大气温度、压力、密度）和动力学参数（如风场）。探测得到的30—100千米高度范围内的高空气象参数，对导弹发射、核爆炸试验和航天器试验的气象保障，以及天气预报、气候变化和灾害性天气的科学研究等都是必不可少的。

气象火箭在点火后按预定轨道向上飞行，当到达最高点附近时，将降落伞和探空仪抛出。探空仪

图4-75　气象火箭工作过程示意图

随降落伞下降，在下降过程对中高层大气参数进行测量，自动测量空中气象要素数据，并将测量的数据通过发射机发送到地面。气象火箭遥测设备实时跟踪并显示探空仪的飞行轨迹和探测数据。

　　子午工程的气象火箭于2010年在海南省发射。火箭的轨道顶点高度是70千米，越过顶点后，由降落伞带着仪器经历两个半小时下降到地面。火箭发射前还放了2个探空气球，发射后又放了1个探空气球。这次试验测量了大气温度、气压、密度、风速、风向等气象要素。

图4-76　试验中的子午工程气象火箭

（4）火箭探测事业的新起点

　　随着我国"两弹一星"事业的成功，我国具备了利用火箭探空的能力。早在1960年3月，上海航天局603基地就在上海南汇老港成功发射了我国第一枚自主研制的探空火箭T－7M。随后，基地移师安徽省广德县誓节镇一个荒无人烟的山坳里。此后的6年间，先后进行了30多次各种类型和用途的探空火箭发射试验。

　　位于海南省的发射基地从1958年就开始了火箭探空，陆续发射了几次。但20世纪90年代后，发射活动基本上进入了停滞状态。子午工程开展火箭探测，其中一个目的也是要对海南探空火箭发射场进行改造，以适应新的运作体制和技术要求，为火箭探空事业的后续发展提供有力的支撑。

海南探空火箭发射场位于海南省的西北海岸，在距离海口市西南192千米处的富克地区，海拔高度78米，距海岸约18千米。经过子午工程探空火箭和气象火箭相关系统的建设及发射实践，海南探空火箭发射场形成了配套齐全的火箭发射试验系统，配有指挥大厅、总装厂房、火工品库、发射场坪、遥测站等各种设施，可以更好地满足火箭发射任务需求。目前，海南探空火箭发射场已经具备了几十千米至300千米高度探空火箭的发射能力。同时，中国科学院国家空间科学中心在同一地点建设了近十种空间环境地基观测设备（其中包括子午工程的部分设备），可形成火箭探测与地基探测的良好配合。

图4-77 海南探空火箭发射场指挥大厅

图 4-78   专为火箭发射修建的后勤保障楼

　　中国科学院国家空间科学中心承担的课题"空间环境垂直探测试验任务"分别于2013年和2016年在海南探空火箭发射场发射了第一枚和第二枚探空火箭，任务取得圆满成功。我国火箭探测与试验踏上了新的征途。

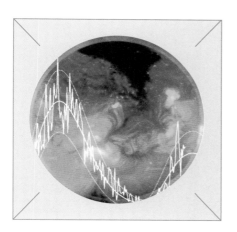

第五章

科学探索的
多面手

　　人们认识世界的过程是一个透过现象看本质的过程。现象和本质之间常常界限模糊，当我们掌握了某个规律时，就抓住了本质。如果将科学探索比作一个生产过程，规律就是它的产品，表征现象的数据就是它的原材料。子午工程获取的观测数据背后隐藏着什么样的本质呢？规律又是如何一点点被揭露的呢？

监测数据的获取是科学探索的前提

1 不仅仅是地磁场

在地球表面测量到的磁场是几个不同来源的磁场的组合。不光有地球内部产生的磁场，还包括地壳内磁性岩石产生的磁场，以及固体地球外面各种高空电流产生的外源磁场。虽然外源磁场占比只有约1%，但它却是空间环境和空间天气研究重点关注的对象。因为它携带了关于空间环境的大量信息，科学家说："这不仅仅是地磁场。"

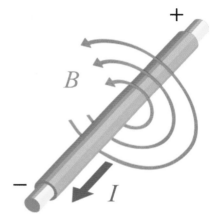

图5-1 磁场都是由电流产生的

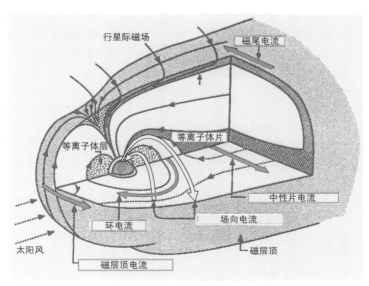

图5-2 复杂的地球空间电流体系

　　地磁场发生的各种扰动统称为地磁活动。磁暴、亚暴等重要的地球空间环境现象都包含相应的地磁扰动。所以，地磁扰动可以作为衡量空间环境状态的指标，以量化的形式表示，就是地磁活动指数。科学家正在使用的地磁活动指数多种多样，各有各的用途，如Dst指数、AE指数、Sq指数等。其中，Dst指数是一个衡量磁暴强度的指数。所谓磁暴，就是由太阳活动引起的全球性的长时间地磁扰动现象。

　　在均匀磁场中，由于洛伦兹力的作用，具有初始速度的带电粒子将围绕磁感线做回旋运动，同时在平行磁场的方向做匀速直线运动。如果磁场强度两头强、中间弱，绕磁感线做回旋运动的带电粒子总是受到指向弱磁场区的作用力$F_{//}$，则投掷角（粒子运动方向与磁场方向的夹角）较大的带电粒子在做回旋运动的同时，会沿着磁感线做类似弹簧振子的周而复始的弹跳运动。这是磁场捕获带电粒

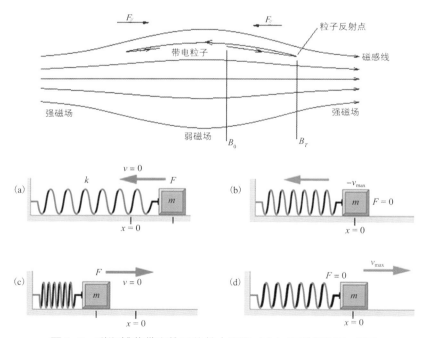

图5-3　磁瓶捕获带电粒子的基本原理（上）和弹簧振子（下）

子的基本原理。可以捕获带电粒子的磁场结构称为磁瓶。粒子可以
到达的磁场最强的反射点称为磁镜点。

在靠近地球的内磁层中，磁感线连接南、北半球。南、北两
极磁场强度大，赤道面的磁场强度较弱。地磁场具有与磁瓶结构
相似的分布。整个内磁层充满了快速运动的带电粒子，这些带电
粒子在围绕磁感线做圆周运动的同时，还沿着磁感线在南、北两
极间来回弹跳。

除了上述两种运动形式外，还存在第三种运动形式：带电粒
子围绕地球沿东西方向的漂移运动。这是因为地球磁场沿径向方
向（由内往外）的磁场强度是不均匀的。在垂直磁场方向存在磁
场梯度时，带电粒子的回旋半径会做周期性的变化（磁场弱的地
方回旋半径大，磁场强的地方回旋半径小），其回旋一周后并不能
回到运动的起点，从而引起带电粒子在同时垂直于磁场和磁场梯
度的方向发生漂移。正是这种漂移运动，使得地磁场中的带电粒
子沿着围绕地球并平行赤道面的路径移动。

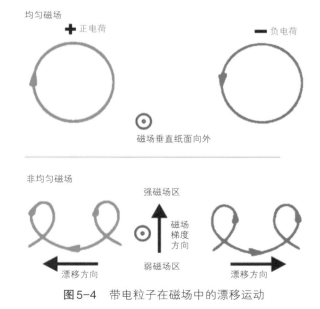

图5-4　带电粒子在磁场中的漂移运动

被地磁场捕获的带电粒子，其弹跳方向发生改变的磁镜点在南、北半球的高纬度区域画出两个圆。连接两个圆的所有磁感线形成一个壳，也就是粒子的漂移壳。在没有外电场的标准偶极子磁场中，漂移壳由一系列环绕地球的磁场等值线组成。电子和（正）离子由于带相反的电荷，它们的漂移方向是不一样的。向东漂移的电子和向西漂移的离子自然形成了环绕地球、平行于赤道面的电流，这就是环电流。

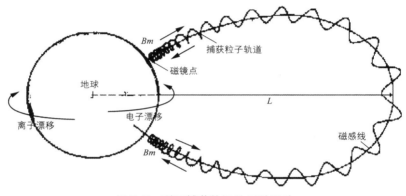

图 5-5　磁层捕获粒子的三种运动

环电流受到太阳活动的强烈影响。几小时内环电流区域的粒子密度可以增大 10 倍以上，某些能量的粒子密度甚至可以增大 100 倍，电流强度大幅增强，形成导致全球地磁场变化的磁暴现象。磁暴期间，几乎所有的地磁要素都发生剧烈的变化，其中地磁水平分量变化最大，最能代表磁暴过程的特点。由于环电流的空间位置靠近赤道面，一般采用中低纬度地磁台地磁水平分量的变化（即 Dst 指数）来表征磁暴的发展过程。

磁暴的发展主要分为两个阶段：主相和恢复相。主相期间，Dst 指数迅速下降，几小时到半天的时间便下降到最低点。主相是磁暴的主要阶段，磁暴的强度就是用主相期间 Dst 指数的最低值来衡量的。一般磁暴的强度为几十到几百纳特斯拉，个别大磁暴的

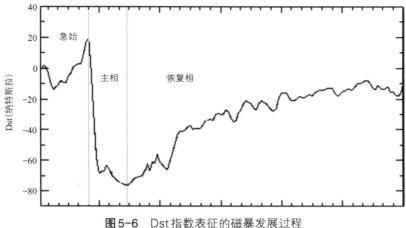

图5-6 Dst指数表征的磁暴发展过程

强度可以超过1000纳特斯拉。有记录以来最大的一次磁暴——卡林顿事件发生在1859年9月2日，其Dst指数达到－7000纳特斯拉，也就是引起赤道附近磁场变化了 $\frac{1}{4}$（赤道附近地磁场强度约为30000纳特斯拉）。主相之后，磁场逐渐向磁暴前水平恢复，进入恢复相。恢复相一般持续若干天。这实际上是环电流逐渐损耗的过程。

子午工程建设的磁通门磁力仪可以测量地磁场的水平分量。其数据可以追踪磁暴的发展过程，间接地反映高空电流，特别是环电流的演变过程。实际上，计算Dst指数的数据也是由磁通门磁力仪测定的。但目前国际上采用沿经度方向基本均匀分布的几个台站的数据来计算Dst指数，并没有采用我国台站的数据。如何利用自己的地磁数据来替代Dst指数，是目前我国科学家正在研究的课题。如果得以实现，将增强我国空间天气研究与预报的自主性。

与地磁暴相比，地磁脉动是周期非常短的特殊的地磁扰动类型，是一串一串的地磁场的起伏波动，幅度不大。其周期范围很宽，可从0.2秒到十几分钟；振幅一般为百分之几到几十纳特斯拉，持续时间为几分钟到几小时。地磁脉动可分为连续脉动和不

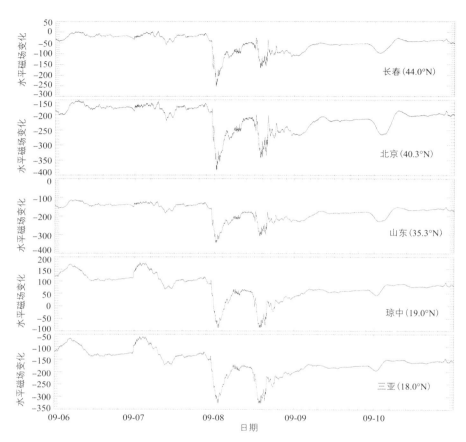

图5-7 子午工程多个台站的磁通门磁力仪探测到的磁暴发展过程

规则脉动两大类。连续脉动的磁场曲线为正弦型或近似正弦型，振幅较稳定，持续时间可达数小时；不规则脉动的磁场振幅逐渐衰减，类似于阻尼振荡，可持续几分钟到几十分钟。

地球的磁感线就像两头固定在南、北半球的弹性绳子一样，穿过大气层、电离层和磁层。在磁层里边，等离子体（电子和离子）与地磁场磁感线结合在一起，就像弹性绳上拴着许多小球。如果有一个外力碰触一下这根"磁感线弹性绳"，它自然会产生振荡。这种外力往往来源于磁层边界面受到太阳风等离子体的压迫作用而产生的表面波。在地面观测到的地磁脉动，其源头可以沿磁感线追踪到高度大于1000千米的磁层内，相应的探测数据包含了丰富的信息。

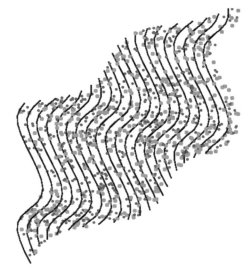

不同质量的物体具有不同的共振频率，就如同质量越大的琴键（材料相同），音调越低一样。磁感线的振荡频率也决定于受磁感线束缚的正、负电荷的数量，即磁感线附近的等离子体密度。这为科学家利用地面的磁场测量数据对磁层等离子体进行分析提供了很好的途径。

图5-8 等离子体跟随磁感线波动

图5-9 质量越大的琴键（材料相同），音调越低

科学家通过子午工程的磁通门磁力仪测量的地面磁场，可计算磁感线的共振频率，由此能够计算出磁层中的等离子体密度。另外，子午工程的数字测高仪，能测定电离层 F2 层临界频率

（foF2）和相应的电子密度；电离层TEC及闪烁监测仪，可以测量沿着电磁波传播路径的总电子含量。科学家将这些观测数据汇合，空间环境不同区域之间互相影响的规律就清晰地呈现出来。观测数据表明，在磁暴期间，电离层的电子密度几乎总是先于磁层等离子体密度而减少。这预示着磁暴期间磁层等离子体的削减可能是由于电离层向上传输的等离子体减少而引起的。

② 带电的波浪

波是一种常见的物理现象，如投入池塘的石子在水面激起一圈一圈向外传播的水波。悦耳动听的音乐本质上也是一种波现象，即声波。空气中声波的产生基于空气具有弹性（可压缩）这一特性，表现为空气密度（压力）的周期性变化。以变化的快慢（也就是频率）来划分，除了耳朵能听见的声波外，还有超声波、次声波。

图5-10　水波和云层波动

地球电离层中的带电粒子（电子和离子）除了受到压力、重力等作用外，还受到电磁场的强烈支配。压力、电磁场的扰动变化，将在电离层中造成比大气中更为丰富的波现象。带电粒子与中性大气之间的碰撞，又使得电离层的振动波与大气紧密地耦合到一起，情形更加复杂。如果肉眼可以看见电离层振动波的话，我们将看到各种尺度、各种频率的波浪在电离层的"海洋"中穿梭、碰撞，那是一幅非常壮观的场景。对探测设备来讲，这个场景是可见的。

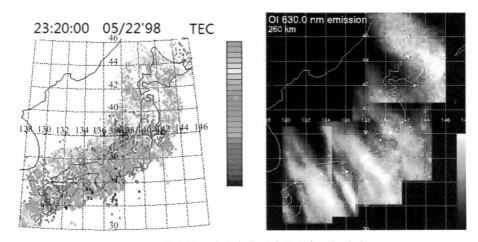

图5-11 带电粒子疏密变化形成的电离层振动波

电离层中的振动波主要表现为电子密度的周期性变化。子午工程配置了多种探测设备对电子密度进行探测，其中，GPS-TEC监测仪利用GPS卫星信号穿过电离层时会发生变化的特性来探测电离层的电子密度。当然，这种变化是电磁波路径上所有电子的累积作用。我们并不能知道路径上某一点的电子密度，而只能得到路径上电子密度的总和，也就是总电子含量。采用不同颜色表示不同的数值，将多个地点的总电子含量绘制到一张地图上，电离层电子密度的分布与可能存在的振动波就会鲜活地展现在我们面前。

由于探测精度有限，设备的地理布局也很稀疏，总电子含量数据多用于波长达几百甚至上千千米的波现象的研究。其中一种现象叫大尺度电离层行进扰动（LSTID, large scale traveling iono-spheric disturbance）。这种扰动的波长约1000千米，传播速度为几百米每秒，可以从南、北两极地区一直传播到赤道区域，甚至越过赤道到达另一半球。科学家通过研究发现，LSTID实际上是电离层对大气振动波的一种响应，就像覆盖在水面上的浮萍随着水波起伏一样。地球的两极地区由于特殊的磁场结构，发生着丰富的空间物理现象，对大气形成强烈的扰动。这种扰动像声波一样向赤道方向传播，同时通过与电离层电子的碰撞等作用，造成电离层电子密度的高低起伏变化。

图5-12   随波逐流的水上浮萍

除了从南、北两极向低纬度地区传播的LSTID以外，子午工程也观测到一次从低纬度地区向高纬度地区传播的LSTID事件。这种扰动可能来自于另一半球的极区，也可能是直接起源于低纬度地区的现象。我国科学家通过仔细分析，认为这次LSTID波是由低纬度地区的大气重力波所激发的。重力波携带巨大的能量，可以传播到很远的地方，是大气层与电离层之间耦合的一个重要途径。由于从低纬度向高纬度传播的LSTID是一种较为罕见的现象，其具体的形成机制还没有定论。

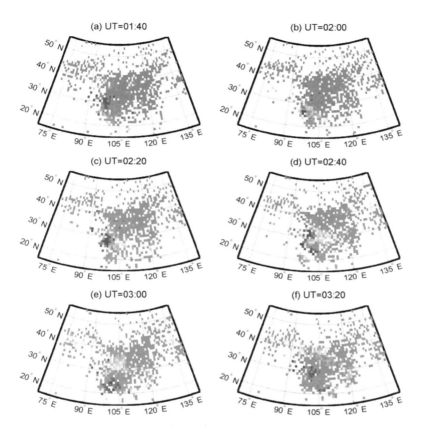

图5-13　电离层总电子含量地图

◇ 可见明显的波状结构
从西南向东北方向传播。

📖 知识链接

● **大气重力波**　大气的密度随着高度的增加而降低，这是一种稳定的结构。如果有一个外来扰动使得一团大气向下运动，由于该气团与周围的大气存在密度差异，这团大气将受到额外的浮力作用而往平衡位置做恢复运动。到达平衡位置时，由于惯性，它还将继续往上运动一段距离，然后又在重力的作用下掉头往下运动，周而复始。这种振荡往外传播，就形成了一种大气波动。因为它的驱动力是重力，所以称为重力波。重力波大多来源于地形的变化和海啸等过程，水平风遇到高山时在抬升和下降的过程中就会产生重力波。

图5-14　水平风遇到山坡形成重力波

　　电离层电子密度除了受各类自然扰动的影响外，人类的活动也可能对其造成影响。运行在电离层高度的航天器就会在电离层中激起带电的波浪。譬如，在"神舟十号"飞船发射期间，子午工程的GPS-TEC监测仪观测到了显著的电离层扰动。就像在水中行进的船在两旁激起波浪一样，飞船轨道的两旁出现了以上千米每秒的速度向外传播的总电子含量波动。

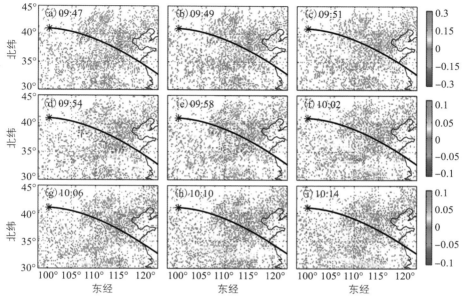

图5-15 "神舟十号"飞船在电离层中激起的波浪

③ 相隔百里的"呼应"

　　地球表层的岩石圈称作地壳。地壳岩层受力后快速破裂错动，引起地表振动或破坏就形成地震。由于地壳构造的复杂性和震源区不可直接观测，关于地震是怎样孕育和发生的，其成因和机制是什么，至今尚无完美的解答。但是，科学家倾向于认为地震是由地壳板块运动造成的。

　　地震会在地球内部和表面产生多种地震波。在地球内部传播的地震波称为体波，分为纵波和横波。振动方向与传播方向一致的波为纵波（P波），来自地下的纵波能引起地面上下颠簸；振动方向与传播方向垂直的波为横波（S波），来自地下的横波能引起地面水平晃动。由于纵波在地球内部的传播速度大于横波，所以地震时，纵波总是先到达地表，而横波总落后一步。因而，发生较大的近震时，一般人们先感到上下颠簸，过数秒到十几秒后，才感到有很强的水平晃动。横波是造成破坏的主要原因。沿地面传播的地震波称为面波，面波又分为水平震荡的勒夫波和垂直震荡的瑞利波。由于被限制在很浅的地层中传播，面波往往衰减得非常慢，能到达很远的地方，甚至可绕地球好几圈。

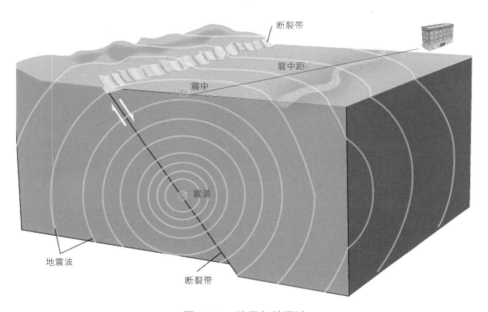

图5-16　地震与地震波

据统计，地球上每年发生500多万次地震，即平均每天要发生上万次地震。其中绝大多数地震太弱或距离人类居住地太远，以至于人们感觉不到。而大地震常常造成严重的经济损失和大量的人员伤亡，能引起火灾、水灾、有毒气体泄漏、细菌及放射性物质扩散，还可能造成海啸、滑坡、崩塌、地裂缝等次生灾害。实现对地震的预报，是人类社会的梦想。长久以来，人类一直在搜寻各类与地震相关的现象，研究它们的内部机理，为实现对地震的预报而不懈努力。科学家甚至在离地面上百千米的电离层中发现了地震的蛛丝马迹。

图5-17 地震引发的海啸

2011年3月，日本大地震发生时，刚刚建成还处在试运行期间的子午工程敏锐地捕捉到了地震所引发的一系列电离层扰动。按照到震中的距离（图5-18中以两点的地心张角表示，纵坐标）远近，将北京和深圳两地的电离层多普勒频移设备和地震仪的探测数据绘制在一张以时间为横坐标的图上。可以看到，北京因距离震中较近而先测量到地震信号和电离层扰动信号。由此可以推算出地震波（这里是瑞利表面波）的传播速度大约为3.2—3.6千米每秒。在同一个地点电离层的扰动相对地面震动大约延迟7分钟。7分钟的时间内，声波的传播距离约为150千米，电离层大概就处于这个高度，所以很容易让人联想到是某种大气振动波将地壳的振动传递到了电离层。真实的情况确实是这样的。不过这种大气振动波不是声波，而是重力波。重力波的频率低于声波，而且携带巨大的能量，可以传播很远的距离，造成电离层电子密度强烈扰动。

除监测到电离层电子密度扰动的信号外，子午工程也监测到了几乎与之同时发生的地面磁场扰动现象。当然，在地震过程

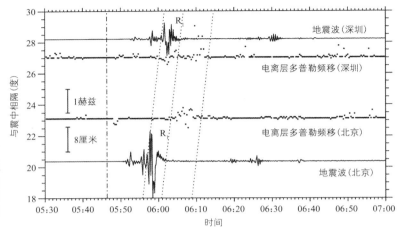

○ 图中纵坐标单位为"度"，采用的是两地的地心张角。

图5-18 地震仪监测的震荡和子午工程电离层多普勒频移设备监测的电离层扰动

中，由于地面的颠簸，地磁仪器的数据可靠性降低。但通过仔细分析各类信号扰动之间的时间关系和它们所包含的频率成分，科学家认定子午工程所监测到的地磁扰动确实是由于地震期间的电离层扰动所引起的。

子午工程监测到的地震信号出现在地震之后，并不能用于地震的预报。在地震发生之前，电离层是否会出现某些异常的变化？随着探测精度的提高以及台站密度的增大，监测电离层的变化有可能成为地震预报的一种有效途径。

④ 汶川地震空中有震感

2008年5月12日，我国四川省汶川县发生8级大地震，造成6万多人死亡，3万多人受伤，1万多人失踪，直接经济损失8000多亿元。这是中华人民共和国成立以来破坏力最大的地震，也是唐山大地震后伤亡最惨重的一次地震。灾难的结果，令国人无不扼腕痛惜：如果能对地震进行预报，哪怕是提前10分钟监测到地震，将可以挽救多少生命！

图5-19 汶川地震纪念碑

这次地震波及大半个中国及亚洲其他多个国家和地区，北至辽宁省，东至上海市，南至中国香港、澳门特别行政区及泰国、越南，西至巴基斯坦均有震感。

在子午工程监测到日本大地震期间电离层扰动的启发下，我国科学家对汶川地震期间电离层的扰动情况进行了细致的分析。

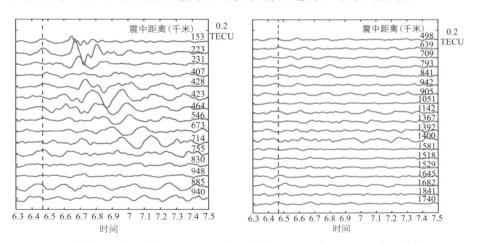

图5-20 多个地面台站接收GPS卫星信号计算得到的电离层总电子含量数据

这次地震同样对电离层和地面磁场造成了明显的扰动。但与日本2011年大地震相比，汶川地震对电离层的影响范围要小得多。这可能是日本地震的强度更大，而且日本地震激发了强烈的海啸，由此引发的大气重力波更为强烈的缘故。

汶川地震对电离层的影响表现出非常复杂的特性。从观测数据可以看出，并不是离震中越近扰动越强。扰动的传播具有明显的方向性，较强的扰动出现在震中的东南方向。这可能与高空的磁场方向有关，也可能受到地震断裂带方向的影响。对这些复杂特性进一步深入研究，将帮助人们解开地震过程中的一个个谜团，最终可能实现对地震的预报。

⑤　高空的"飓风"

参照日常生活中的风力等级表，10级狂风对应于平地上离地10米处风速值为26米每秒左右。这样的大风足以拔起树木，摧毁房屋，造成很大的灾害。而更强的台风来临时，瞬时风力达19级，风速可达60多米每秒。可这风速跟高层大气中的风速相比，都是"小巫见大巫"。子午工程光学干涉仪（FPI）常常探测到中高层大气区域速度达几十米甚至上百米每秒的风。

图5-21　被狂风连根拔起的树木

光学干涉仪通过探测特定波段的大气气辉辐射，经计算得到大气的风场（风速的分布）。依据所选用的气辉的波长（颜色）不同，对应的探测高度也不同（这是由大气成分的高度分布决定的）。实际运行中，该仪器选定三种不同波长的气辉，各自对应的高度分别为：波长892纳米气辉的高度为87千米，波长557.7纳米气辉的高度为98千米，波长630纳米气辉的高度为250千米。

该设备探测到的是气辉高度区间的水平风场。可以进一步把风速分解到在水平面上的两个垂直方向：纬向（即东西方向）和经向（即南北方向），并定义向北方向和向东方向为正值。例如，东西方向的风速为−15米每秒，表示东西方向上的风速值为15米每秒，方向向西。这样，实际风场探测数据就由两组数据组成。例如，某个时刻的探测数据为：东西方向的风速为10米每秒，南北方向的风速为−5米每秒。利用这组数据，计算得到该区域的水

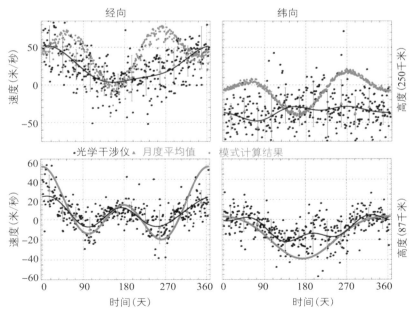

图5-22   2011年子午工程光学干涉仪在两个不同高度的
观测数据与HWM07模式的计算结果

平风速的大小为11.18米每秒，方向为东偏南26.6°。

科学家利用子午工程光学干涉仪2011年一整年的中高层大气实际观测风速和目前国际上使用的HWM07大气模式的计算结果进行分析。这类分析研究对于发现物理规律、改善模式计算方法和验证仪器设备的可靠性都有重要意义。

子午工程的探测数据显示，高空大气中的风速非常大。这样的狂风会不会对进入该区域的物体造成伤害呢？事实上，我们不能以地面的情形来类推中高层大气的风对环境造成的影响和破坏。主要原因是该区域内大气的密度非常低，运动大气所能携带的能量是很少的，因而基本没有什么破坏力。但是，正因为存在这些强烈的运动，使得该区域内的物理过程和光化学过程非常复杂，相关研究也非常重要。

6 难以摆脱的束缚

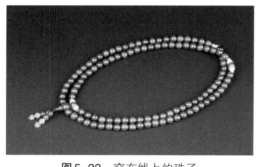

图5-23　穿在线上的珠子

带电粒子在磁场中的主要运动形式是圆周运动，也就是围着磁感线转圈。理论和实验研究表明，如果磁场发生缓慢变化，带电粒子将跟随磁感线而运动，就像被穿在线上的珠子一样，受到磁感线的束缚。这种现象被称为磁冻结。地球空间中有丰富的带电粒子，它们大多被冻结在磁感线上，跟随磁场做复杂的运动。

地球的磁感线在面向太阳的一面由于太阳风的作用而断开，与太阳风的磁场重新联接，这个过程叫磁重联。重联形成的开放磁感线在太阳风的吹袭下，经过极区向背阳面运动。在背阳面，磁重联再次发生，南北的开放磁感线又会重新联接到一起，形成闭合磁感线。这些闭合磁感线还顺着极区外围回到向阳面，重新加入与太阳风磁场的重联过程中。

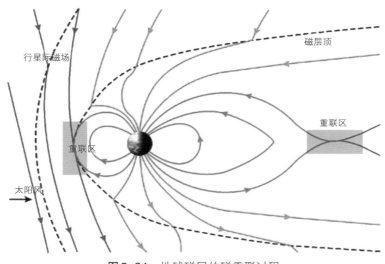

图5-24 地球磁层的磁重联过程

受到磁场的约束，带电粒子跟随磁感线而运动。如果从极区上空往下看，可以想象电离层的带电粒子会从向阳面经过极区运动到背阳面，再通过两侧流回向阳面。这就是地球两极地区的电离层电子对流图像，整个图像看起来像水中的两个旋涡，见图5-25。

子午工程部署在南极中山站的高频相干散射雷达，联合国际上多个同类设备，组成了

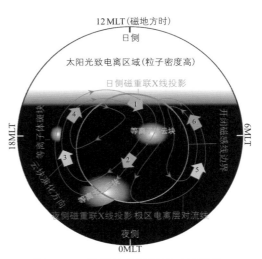

图5-25 极区的磁场/粒子对流图像

◇ 太阳的方向在上方。

一个强大的"团队",联合起来的探测范围几乎覆盖整个南极地区,每时每刻都在监测着极区电离层中带电粒子的密度、运动速度等参数。将不同位置的运动速度绘制在极区的地图上,就构成了一幅电离层的对流图像,其中的各种特点、变化、运动就一目了然。

电离层中常常会形成局部的粒子密度增强像云块一样的区域。这些"云块"跟随电离层的对流运动,就像旋涡中的小船。我国科学家利用南极地区电离层总电子含量的数据,首次跟踪到电离层粒子"云块"在磁感线束缚下从向阳面到背阳面,再返回向阳面的完整对流过程。这对于相关理论的验证具有非常重要的意义。

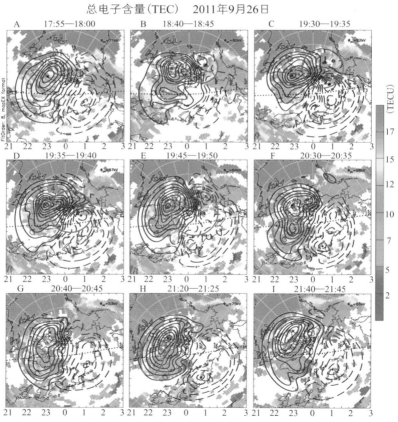

图5-26　电离层粒子"云块"(蓝色圆圈所示)随磁感线的对流运动

第六章

预报保障的
生力军

　　《三国演义》中，诸葛亮善观天象，但突如其来的大雨还是让他失去了捉拿司马懿父子的机会。如果他拥有现代的卫星云图，那结局自然不同。可见，对天气预报来说，探测数据和"聪明的头脑"一样重要。空间天气预报也是如此。依靠自主的探测数据和预报模式，我国的空间天气预报正走向新的发展阶段。

扫码看视频

子午工程为我国军民空间天气预报提供各类数据

① 太空的"天气预报"

对于宇航员来说，空间天气的影响与生命息息相关。如果宇航员出舱时，正巧遇到宇宙中的高能物质，很可能在短时间内造成辐射剂量超标危及生命。所以说，宇航员在天上执行任务可以不看气象台的天气预报，但是空间天气预报是必须参考的。如果我们能提前预测电离层的扰动，就可以对电波通信所用的频段进行相应调整，以提高通信效率和质量；如果我们能提前预测地磁暴对电网的影响，魁北克 600 万人因停电而在寒冷和黑暗中长达 9小时的煎熬就可以避免。这些事例，无不在告诫人们，随着科学技术的发展，空间天气预报日益重要。

空间天气的源头是太阳。一次完整的空间天气事件，必然经历从太阳表面形成与发生，然后在行星际空间传播和演化，最后在地球磁层、电离层和中高层大气产生影响和效应这一过程。太阳到地球的直线距离约为 1.5 亿千米，太阳表面发出的光需要 8 分多钟才能传到地球，而高能粒子可能需要几小时才能到达地球，日冕物质抛射等太阳风高速流往往需要 3—4 天才能走完这段漫长的旅程。

各种物理现象到达地球的时间差，为空间天气预报提供了条件。例如，我们可以利用最先到达的太阳可见光或紫外线的变化，预测可能的太阳高能粒子事件或者日冕物质抛射事件。古代的人们采用点燃烽火的方式来传递敌情，就是利用了视觉信号和敌人行军速度之间的巨大差异，道理是一样的。预报就是用已经发生的事来推测还未发生的事。根据太阳表面的实况信息，可以对一段时间后的地球空间环境的状态做出提前预测，这是空间天气预报的基本逻辑。

当然，我们不一定从太阳源头开始进行预报。日地因果链大致可划分为太阳—行星际—磁层—电离层—中高层大气等关键环节和区域，我们可以从已经掌握的任何一个区域的信息开始，对下一个区域的状况进行预报。无论怎样，预报的前提是要获取数据。有三大区域是空间天气监测的重点，其一是空间天气的源头——太阳；其二是空间天气传播与演化的区域——日地行星际和磁层，通常该区域从太阳表面一直延伸到离地面数百万米的高空；其三是空间天气的地球响应区域——电离层和中高层大气，该区域从数百万米高空一直向下延展到离地面20千米高度左右。这些区域的监测数据是空间天气预报的重要依据。

图6-1   古代用于传递敌情的烽火台

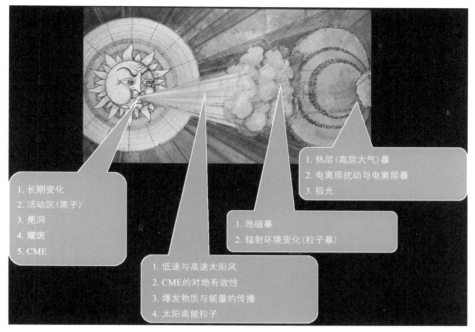

1. 长期变化
2. 活动区(黑子)
3. 冕洞
4. 耀斑
5. CME

1. 低速与高速太阳风
2. CME的对地有效性
3. 爆发物质与能量的传播
4. 太阳高能粒子

1. 地磁暴
2. 辐射环境变化(粒子暴)

1. 热层(高层大气)暴
2. 电离层扰动与电离层暴
3. 极光

图6-2 空间天气预报的主要内容

空间天气扰动从太阳到地球，经历了广袤的空间、复杂多变的环境，其中的因果关系极其复杂。即使你看到太阳上发生了日冕物质抛射，它也不一定会与地球相遇。就好比看到狼烟升起，也难以揣摩敌军的战略意图。所以，对空间天气做出相对准确的预报，是一项非常具有挑战性的工作。为此，科学家深入研究日地空间的各种物理规律，为空间天气预报开发了大量的方法。比如，在日面上观测到的日冕物质抛射，将经历怎样一个路径，在何时、以何种形态到达地球附近？科学家需要行星际空间的各类条件来计算扰动传播的速度、方向，以及能量和物质耗散的过程等。将这些方法以计算机程序的形式固定下来，就形成了预报模式。模式与探测数据一样，也是空间天气预报的基础。

相比天气预报，空间天气预报还处于起步阶段。相当多的情景是，预报员根据实践经验对观测数据进行分析、推理来预报未来空间天气的趋势，也就是经验预报。经验预报并不明确涉及模式计算，但也可理解为某些并不明晰的模式运行在预报员的大脑中。

目前空间天气预报服务主要针对航空航天、星地通信、无线电短波通信以及空间航天器的辐射环境，有时也涉及跨极区飞行辐射计量预报等。按照空间区域，可将空间天气预报划分为太阳活动预报、行星际空间天气预报和地球空间天气预报；按照预报时效，又可划分为长期预报、中期预报、短期预报、警报和现报等。

空间天气指数 (2017-11-30 09:30:00发布)

短波收听指数

1级适宜
未来24小时空间天气状况对短波干扰不大。

信鸽飞行指数

1级适宜
未来24小时地磁场总体平静，对信鸽飞行影响不大。

北京GPS导航指数

GPS

1级定位优
当前空间天气对GPS导航影响小，定位比较准确。

图6-3　中国气象局国家空间天气监测预警中心发布的各类空间天气预报

太阳活动预报包括太阳活动长期预报、中期预报、短期预报和现报。太阳活动长期预报指提前一年以上的太阳活动预报，它是对太阳活动长期发展趋势进行的预报，预报内容主要有黑子数的高峰值、高峰期、低谷期和极小值。太阳活动长期预报对国民经济的长期规划，例如对卫星发射、航天计划等具有重要的指导意义。太阳活动中期预报是指提前几天到数月或几个甚至十几个太阳自转周的预报，自转周是中期预报的典型时间尺度。其主要任务是要预报新的太阳活动区的产生及其活动性，预报日面上已有的活动区将在什么时候、有多大幅度的活动。太阳活动中期预

未来48小时太阳X射线耀斑和地磁活动预报		
发布日期	X射线耀斑	地磁活动
2017-11-30	无	平静

未来三天太阳F10.7厘米射电流量预报		
第一天	第二天	第三天
73	73	73

未来24/48/72小时太阳质子事件发生概率		
24小时	48小时	72小时
01	01	01

图6-4 中国科学院国家天文台发布的太阳活动预报

报对于安排航天飞行器发射、空间任务的执行、通信计划的实施及其他领域的预防措施的选择具有参考意义。太阳活动短期预报指未来1—3天的太阳活动预报，内容主要包括太阳射电流量、太阳活动区、太阳耀斑、日冕物质抛射和太阳黑子数等。

行星际空间天气预报主要对太阳风参数进行预报，描述太阳风的密度、速度及行星际磁场的大小和方向，并预测太阳活动在行星际的表现、传播和演化。

地球空间天气预报包括磁层空间天气预报、电离层空间天气预报和中高层大气空间天气预报。磁层空间天气预报的对象为磁层带电粒子和电磁场，包括不同轨道磁场分布、带电粒子能量的现报和预报，以及质子事件和高能电子增强事件的警报。电离层空间天气预报是目前主要提供电离层状态参数的现报和短时预报。中高层大气空间天气预报主要对中高层大气参量（密度、温度、风场及大气成分等）的结构分布与扰动进行现报和短时预报。

图6-5 中国科学院空间环境研究预报中心发布的空间天气预报

目前，世界上开展空间天气预报服务的国家和单位并不多。走在前列的有美国国家海洋和大气管理局（National Oceanic and Atmospheric Administration, NOAA），设有功能完备的空间天气预报中心（Space Weather Prediction Center, SWPC），受到全世界的广泛关注，该中心的网站每天的访问量接近100万次。

我国开展空间天气预报已经有20多年的历史。1996年中国科学院国家空间科学中心（当时的名称为空间科学与应用研究中心）首次正式对外发布空间天气预报，专门面向航天领域。为了更好地做好空间天气预报业务，2004年，中国气象局国家空间天

图6-6 中国科学院空间环境研究预报中心的预报大厅

气监测预警中心业务正式启动；2005 年，中国气象局国家空间天气预报台成立。目前开展相关业务的还有中国科学院国家天文台的太阳活动预报中心。

空间天气的日常预报内容主要包括太阳耀斑与质子事件概率、地磁暴概率和电离层闪烁活动强度等。除了这些常规的预报之外，中国气象局国家空间天气预报台还推出专门的面向广大信鸽用户的"信鸽飞行指数"预报，以及旅游季节的"极光预报"。

随着空间天气概念逐步被公众所理解，各类贴近老百姓生活的预报服务逐个推出，预报服务的形式也越来越多样化。现在，人们可以在手机上通过 App 接收各类空间天气预报信息。

图6-7　空间天气预报手机App

② 子午工程在行动

子午工程作为我国第一个地基空间环境综合监测设施，除了获取数据用于科学研究外，对促进我国空间天气预报事业的发展也责无旁贷。为此，子午工程专门建立了空间天气民用预报服务平台和军用预报保障平台。另外，科学家也利用子午工程的探测数据，开展了大量的预报模式研究工作，在子午工程中部署了多个空间天气模式。

图6-8　子午工程民用预报服务平台

■ 电离层幅度和相位指数
　　无线电信号在通过电离层时，由于电离层中等离子体不均匀分布的区域。
■ 电离层闪烁分布图
　　描述电离层闪烁的严重程度，引入了闪烁指数的概念。闪烁指数越大表明闪烁越强。
■ 中国区域电离层TEC地图
　　被广泛使用的电离层模型与真实的TEC分布的符合情况。
■ 单站TEC日变化曲线
　　电离层电子浓度总含量TEC是最为重要的电离层参数之一。
■ 电离层特征参量
　　通过选用合适的电离层平稳性参数，建立相符的正定自相关系数模型。
■ 电离图
　　电离层结构可以利用电离层中电子密度、离子密度等离子的空间分布来表示。
■ 电子浓度剖面
　　电离层电子浓度的高度剖面Ne(h)，描述了最为重要的电离层特征。

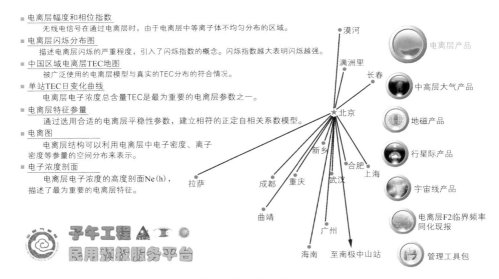

图6-9　子午工程民用预报服务平台的基本业务构成

　　民用预报服务平台是子午工程数据在面向民用空间天气预报需求方面的重要出口。该平台建设了数据接收、存储、加工、分析所需要的一系列软、硬件设施，可以利用子午工程观测数据进行空间天气预警预报。该平台从2008年8月开始由中国气象局国家卫星气象中心（国家空间天气监测预警中心）承担建设，并于2010年11月进行测试，2011年7月完成验收开始正式运行。

　　民用预报服务平台利用子午工程和其他地基设施与卫星的探测数据，开展日常的空间天气预报，就像中央电视台每天发布天

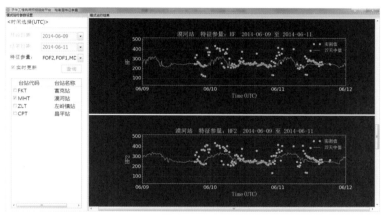

图6-10　子午工程民用预报服务平台软件界面及部分子午工程探测数据（1）

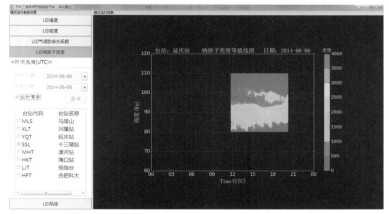

图6-11　子午工程民用预报服务平台软件界面及部分子午工程探测数据（2）

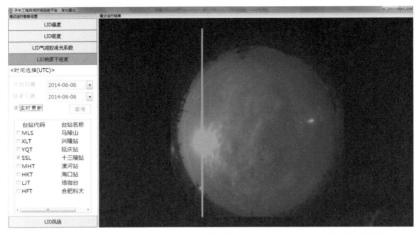

图6-12 子午工程民用预报服务平台软件界面及部分子午工程探测数据（3）

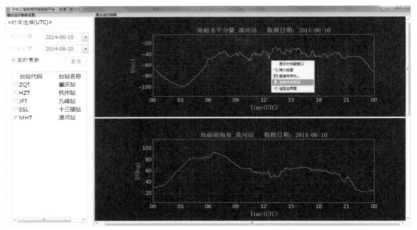

图6-13 子午工程民用预报服务平台软件界面及部分子午工程探测数据（4）

气预报一样。另外，该平台还针对特定的任务开展专门预报。比如在历次航天发射活动期间，针对航天器的发射地点、轨道高度，开展有针对性的预报服务。

民用预报服务平台的建成提升了我国空间天气业务的预报能力，使我国航空航天、通信、导航和石油管网等与空间天气密切相关的行业和部门受益。其潜在的应用领域还包括广播媒体、教育科研、气象海洋环境救灾、能源电力、保险商业等。

目前空间天气预报还处于发展的初级阶段。预报工作很大程度上采取经验预报的方式，严重依赖于预报员的知识、经验、分析能力，制约了预报工作的长远发展。为了推动空间天气预报由经验预报走向数值预报（由计算机代替人的工作），子午工程开发了多个空间天气模式。这些模式可直接用于科学研究，也可作为进一步发展的基础，支撑空间天气预报业务的开展。

河流下游的水量取决于上游的水量，水文部门就是依据上游的水位信息和水流速度来预测下游的水位变化的。在日地空间中，太阳风从太阳表面出发后，大致沿着日地连线方向到达地球附近，就像长江发源于青藏高原的唐古拉山，最终流入大海。仿照水位预测的方法，可以对地球空间环境的状态做出预报。为此，首先需要有一个空间环境的"水位监测站"。一般这个任务是由人造卫星来完成的。卫星的位置如何选择是很关键的问题，不能

图6-14   河流的水位监测

离地球太远，否则太阳风的行程在经过卫星后还有太大的变数，预报难度太大；也不能太近，否则预报时间太短了；还有一个要求是卫星最好能长期驻留，否则难以得到连续的可用探测数据。科学家找到了一个绝佳的位置：地球和太阳的第一个引力平衡点，也叫第一拉格朗日点（L1）。那里离地球150万千米，离太阳1.485亿千米。太阳风经过此处后，还需要几小时的时间才能与地球磁层相遇。因为在这里地球和太阳的引力相互抵消了，人造卫星不会掉到地球上去，也不会掉到太阳上去，可以长期在此驻留。

太阳风经过L1点后，将继续向地球方向运动，直至地球磁层并与之发生相互作用，进一步影响电离层。比如在南、北极区观测到的极光现象，就是大量较高能量粒子从磁层沉降到电离层的一种表现。要描述这样一个过程，就需要对L1点观测到的太阳风事件演化至磁层和电离层的物理过程进行建模。子午工程L1—磁层—电离层耦合模型就是这样一个描述太阳风从L1点出发，经行星际空间，传播至地球磁层和电离层，所产生的物质、能量和动量传输过程的物理模型。

虽然太阳风中的粒子密度非常低，粒子之间几乎不会发生相互碰撞，但从宏观角度上还是可以将它视为像水一样的流体。因为太阳风携带有磁场，在模型中科学家将太阳风描述为磁流体。太阳风从L1点到地球附近，就像水流从河流的上游流到下游。模型要做的事就是根据测量得到的上游的水量，预测未来某个时间下游的水量。在这个磁流体模型中，L1点处的太阳风参数（密度、速度、磁场大小和方向等）就是模型的上游输入条件。目前人们已经在L1点上放置了探测太阳风参数的人造卫星，比如美国宇航局在1997年发射升空的ACE卫星。子午工程的行星际闪烁监测仪也可以探测太阳风速度，但由于地球的自转，仪器探测的方向并不总是地球的上游，所以，子午工程L1—磁层—电离层耦合模型的计算还得仰仗卫星的探测数据。

📖 知识链接

•**拉格朗日点** 两个有质量的物体相互之间会产生引力，这就是牛顿发现的万有引力。宇宙间的星体也是如此，太阳系中所有其他星体都受到来自太阳的引力。在太阳和地球所处的黄道面上，有几个特别的位置，在这些位置上，任何物体所受到的来自太阳和地球的引力大小相等、方向相反，因而处于平衡状态。这些位置就是拉格朗日点。在黄道面上可以找到五个这样的位置，分别标记为 L1、L2、L3、L4 和 L5 点。其中，L1 点是空间天气最为关注的拉格朗日点。如果在 L1 点放置一个太阳风探测器（比如 ACE 卫星），该探测器与地球同步围绕着太阳转动，可以源源不断地向我们提供地球上游的太阳风数据。这对空间天气预报非常关键。

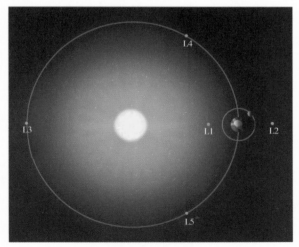

图6-15　黄道面上的五个拉格朗日点位置

◇ 中间是太阳，红圈内是地球。

图6-16   长期驻留在日地引力平衡点的ACE卫星

　　假设太阳风以400千米每秒的速度向着地球运动，且其各个参数基本不变，太阳风将历时1小时左右从L1点抵达地球磁层附近。经过大规模数值计算，可以得到太阳风到达后磁层的密度、速度、温度和磁场等相关数据。在密度、速度、温度和磁场的分布图中，可以看到磁层的一些基本结构，比如磁层顶、极尖区、等离子体片等。通过一些简单事例的比较，得到的计算结果与观测数据基本一致，这就验证了模型的可靠性。进一步，将L1点得到的随时间变化的太阳风参数输入模型中，就可以得到磁层的变化过程。将ACE卫星探测到的太阳风参数输入子午工程L1—磁层—电离层耦合模型，计算出磁层的各类参数，可以判断磁层的活动状态，预测是否会发生磁暴或者亚暴等事件。

太阳风导致磁层变化，还会进一步影响电离层的物理状态。子午工程L1—磁层—电离层耦合模型还可以计算电离层的电场和电流等参数，得到南、北极区电离层的电流分布。这对于电离层的研究和电离层空间天气的预报工作有非常重要的意义。

L1—磁层—电离层耦合模型只是子午工程开发和部署的空间天气模式之一，其他模式还包括电离层模式、中高层大气模式、地磁暴预报模式等。这些模型的发展，有利于人们更进一步了解空间环境变化的物理机制，为进一步提升空间天气的预报水平打下科学基础。

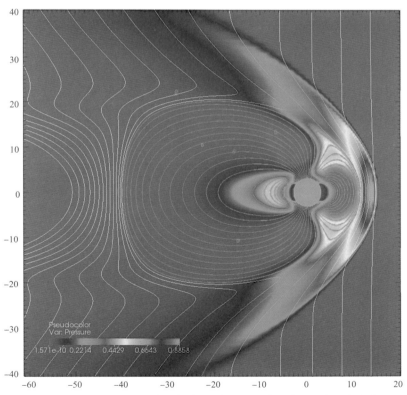

图6-17　由L1—磁层—电离层耦合模型得到的磁层磁场和热压力分布图

◇ 白线为太阳风磁感线，蓝线为地球磁感线。

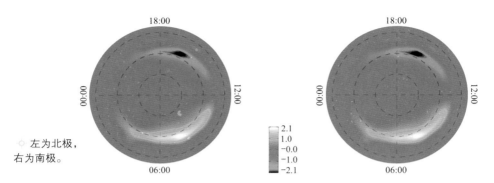

◇ 左为北极，
右为南极。

2.1
1.0
-1.0
-2.1

图6-18　由L1—磁层—电离层耦合模型得到的南北极地区电离层的场向电流分布

有赖探测数据和预报模式作为基础，子午工程在服务空间天气预报业务方面取得了显著的成效。我国空间天气预报服务部门在空间天气现报中多次利用子午工程获取的数据制作产品。例如，在"天宫一号"与"神舟九号""神舟十号"载人交会对接保障任务中，子午工程数据作为模式输入参数，对未来空间天气发展趋势进行了相对准确的预测。2012—2015年，子午工程民用预报服务平台为重大航天保障服务提供了公报4期、专报25期、空间天气警报117期。这些预报文件为各类重大活动的决策提供了必不可少的依据。

图6-19　以子午工程和其他监测数据为基础的各类空间天气预报文件

第七章

万里长征
刚起步

空间天气是20世纪90年代才提出来的新概念。日地空间的各类物理参数随时空尺度跨越多个数量级，非常复杂，这对探测能力提出了很高的要求。子午工程只是我国在综合性地基监测方面迈出的第一步，天地一体化的空间环境监测体系建设任重道远。

扫码看视频

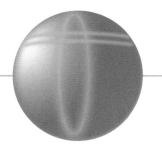

子午工程二期将开启我国探索太空的新篇章

① 离我们越来越近的太空

人类从诞生开始，就从未停止过对太空的探索。古人通过对天体运行的观察，试图解释它们的运动规律，并梦想着在它们之间穿梭旅行。尽管很多解释难免谬误，但也不乏大的成就，比如历法的制成。另一方面，由于无法深究太空的奥秘，于是人们编出了许多关于太空的神话故事，诸如女娲补天、嫦娥奔月、牛郎织女等传说。

图 7-1 托勒密（左）和他的地心体系（右）

在近 2000 年以前，古希腊的天文学家托勒密就对天体运行的规律做了大量细致的研究，并且构造了精巧的地心体系。虽然地心说是错误的，但地心体系却能近似解释很多天体的运行规律，以致这个学说在欧洲中世纪被奉为经典。直到 16 世纪的开普勒时代，在哥白尼提出日心说之前，托勒密的巨著《天文学大成》还是天文学界的必读书。牛顿提出的万有引力定律，最终破解了天体运行之谜，也为人类进入太空提供了理论基础。

图7-2　第一颗人造地球卫星

　　1957年10月4日，苏联发射了"人造地球卫星1号"。虽然质量仅为83.6千克，搭载的设备也非常有限，但它是人类历史上第一个进入太空的人造天体。这预示着人类进入了一个新的时代，"太空时代"拉开了序幕。以前，太空在人们的想象里，在文人墨客的诗篇中，在天文学家的望远镜里，在哲学家的思辨文章中，而从这时候起，太空开始变得触手可及。随后的几十年里，各种不同用途、不同形式的航天器接踵升空，人类的空间探索活动突飞猛进，取得了辉煌的成就。

　　截至2012年，人类已将超过6000个人造天体送入太空；航天员的足迹已经被印在了月球上；金星、水星、火星、木星、土星等太阳系行星都被人类的航天器造访；美国"旅行者1号""旅行者2号"探测器已经飞越了太阳系的边界，进入系外空间；国际空间站已经为几百位宇航员提供了长期稳定的试验和生活环境，实现了人类居住天宫的梦想；航天飞机让宇航员可以在指定地点滑翔降落。

图7-3 国际空间站

图7-4 航天飞机

　　航天事业如此快速发展，除了缘于人类对太空充满好奇与探索的欲望之外，太空的应用价值日益为人们所认识，是推动航天事业发展最主要的因素。太空是一个天然的实验室，它独特的环境（失重环境、超静环境、真空环境、超净环境、辐射环境、大温差环境等）是我们可以利用的宝贵资源。例如，为了给某些试验提供失重环境，人们建造高达100米的失重落塔。这种落塔花费不小，所能获得的失重试验时间仅仅为几秒钟，而且在非真空环境下也难以达到理想的失重状态。中国科学院力学所微重力实验室的百米落塔虽是我国最高的落塔（也是唯一的百米落塔），可其微重力时间也只有3.6秒。而太空却可以不限时间地为科学家提供高质量的失重试验环境。在微重力环境下，材料的结晶过程会发生质的变化，这对新材料的试验甚至新材料的生产都是十分重要的。太空的真空度比最强的真空泵所能产生的真空度还要高好几个数量级，是进行真空试验的绝佳场所。另外，太空独特的位置为开展通信、导航、对地测量、天文观测等事业提供了极大的方

图7-5　我国唯一的百米落塔

◇ 该落塔微重力时间仅为3.6秒。

便。这也涉及一种看不见、摸不着的资源：位置资源或者轨道资源。理论上，人们只需要向36000千米高的地球静止轨道（同步轨道）发射3颗通信卫星，就可以覆盖整个地球。在静止轨道上工作的气象卫星，可以对某个地区实现不间断的气象观测。

太空除了能提供独特的环境和位置等无形资源外，常规意义上的资源在太空也相当丰富。美国、俄罗斯等国发射的月球和行星探测器，已经探测到月球、小行星、火星上拥有丰富的物质资源。月球表面不仅储存有丰富的核聚变燃料——氦-3，还富含硅、铝、钙、钠、铁等矿物资源。金属型小行星上有丰富的铁、镍、铜等金属，还有金、铂等贵金属和珍稀的稀土元素，彗星上有丰富的水冰。这些资源可用于建设航天港和太空城，也可供地球上使用。

图7-6　在空间站上看地球

卫星电视、卫星通信、导航定位等技术系统已经给人类的日常生活带来了翻天覆地的变化。这些技术的应用在国民经济中有着深远的影响，已经成为国家经济发展新的增长点。进入21世纪，一些航天大国甚至已经着手发展太空旅游事业。2001年，美国亿万富翁丹尼斯·蒂托曾花费2000万美元乘坐俄罗斯"联盟号"飞船到达国际空间站，成为世界上第一个私人付费的太空游客。美、日等国已经在筹划太空饭店。随着人类对空间开发与利用的规模日益扩大和程度不断加深，我们真切地感受到：太空离我们越来越近。也许在不久的将来，进入太空观赏宇宙美景，远观人类的摇篮——地球，将成为每一个人都能实现的梦想。

图7-7　2003年宇航员杨利伟在"神舟五号"载人飞船上

② 刚刚起跑的卫星探测

在建设子午工程以前，我国已经尝试性地开展了空间环境卫星探测工作。地球空间双星探测计划（简称"双星计划"，Double Star Plan），是我国第一个以空间环境探测和科学研究为目标的卫星计划。它的科学思想同样来自于子午工程的牵头建设单位——中国科学院国家空间科学中心。

"双星计划"包括两颗卫星：近地赤道区卫星（TC-1）和极区卫星（TC-2），分别发射于2003年12月30日、2004年7月25日。这两颗卫星相互配合，对磁层关键区域的等离子体密度、温度、成分，以及电场分布、电磁波动等参数形成较全面的探测。

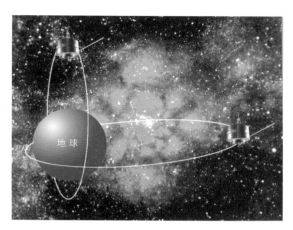

图7-8   双星计划卫星轨道示意图

"双星计划"的两颗卫星均在轨运行近4年，科学家利用卫星探测数据，获得了大量的空间环境和空间天气研究成果。更可贵的是，"双星计划"与欧空局"星簇计划（Cluster）"的四颗卫星

图7-9   "双星计划"与"星簇计划"配合，构成了地球空间六点观测体系

相配合，构成了人类历史上第一次使用相同或相似的探测器对地球空间进行六点探测的观测体系，这对研究地球磁层的整体变化规律和爆发事件的机理具有重要意义。同时，通过国际合作的开展，大大开阔了我国空间科学领域的视野，培养了大批人才，为我国空间物理乃至空间科学的发展做出了里程碑式的贡献。2010年"双星计划"获"国家科学技术进步奖一等奖"，"双星计划"和"星簇计划"的团队获得国际宇航科学院"2010年度杰出团队成就奖"。

"双星计划"为我国空间环境卫星探测开了一个很好的头，但随后近十年的时间，以科学目标为牵引的空间卫星探测项目基本处于停滞状态。直到在中国科学院空间科学先导专项的推动下，我国空间科学卫星的发展才有了新的进展。

在空间环境探测方面，科学家提出了一大批卫星项目的构思。一些还在酝酿期间，包括夸父计划、空间子午链磁层空间天

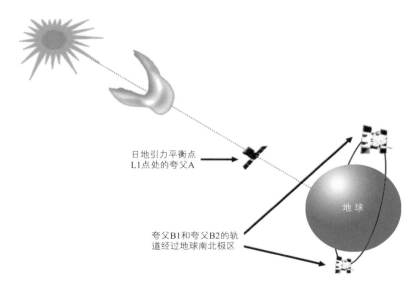

日地引力平衡点
L1点处的夸父A

夸父B1和夸父B2的轨道经过地球南北极区

地球

图 7-10　我国科学家提出的夸父计划将在 L1 点开展太阳风探测，在近地空间开展粒子等空间环境探测

气监测微卫星星座计划等；一些已经在空间科学先导专项的支持下开展预先研究，或者进入了工程立项阶段，其中包括磁层—电离层—热层耦合小卫星星座探测计划（简称MIT）、太阳风—磁层相互作用全景成像（Solar Wind–Magnetosphere–Ionosphere Link Explorer, 简称SMILE）计划等。

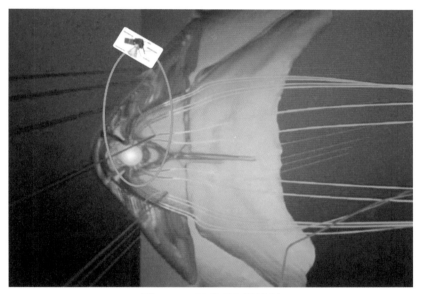

图7-11 SMILE卫星计划

暗物质粒子探测卫星（Dark Matter Particle Explorer, DAMPE），作为空间科学先导专项中首批立项研制的四颗科学实验卫星之一，已经于2015年12月17日发射升空。MIT卫星计划即将进入工程立项阶段，其总体目标是探测地球空间磁层、电离层和热层不同圈层之间的物质耦合，揭示太阳活动影响地球空间环境剧烈变化的机制和规律。

得益于独创的科学构思和良好的国际合作契机，SMILE卫星计划后来居上，2015年刚提出，2016年即进入工程立项阶段。其目标是探测太阳风—磁层—电离层相互作用的大尺度结构和基本模式，有望成为继"双星计划"之后空间环境卫星探测和国际合作的又一个典范。

可以看出，在空间科学先导专项的推动下，我国空间环境卫星探测形成了起跑的新局面。但我们还没有真正跑起来，毕竟卫星探测的花费是高昂的。与卫星探测相比，地基监测的花费要小得多，还具有连续、方便、可控等优点。所以，我国的空间环境监测将朝着天地一体化综合监测的方向前进。

③ 地基探测的新蓝图

早在子午工程建成验收之前，科学家已经在规划空间环境地基监测更伟大的蓝图。其中，最引人瞩目的便是子午工程二期和国际空间天气子午圈计划。

子午工程二期

相对于我国广袤的国土，子午工程部署的 15 个综合性监测台站显得相当稀疏。目前台站与台站之间的距离为 500—600 千米，这对于捕捉和研究一些大尺度的空间天气现象基本够用。但随着科学研究的深入，一些小尺度的空间天气现象进入科学家的视野，并逐渐成为主攻目标。空间天气预报水平的进一步提升，也要求对空间环境的精细结构进行研究和监测。就像社会的发展需要对普通的天气做更精细的预报一样，比如 2008 年针对奥运场馆所做的天气预报。为了捕捉更小的鱼，我们需要更密的网。科学家建议将子午工程的台站间距减小到 200—300 千米，以实现对小尺度空间天气现象的捕捉，同时也对大尺度的现象形成更清晰的探测图像。

另外，子午工程目前只有沿东经 120° 和北纬 30° 的一纵一横两条观测链，我国国土范围的很多区域，比如新疆和西藏等地还未

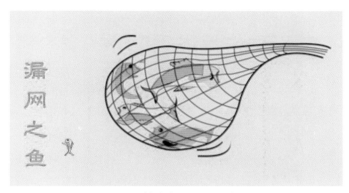

图7-12 捕小鱼，需要更密的网

覆盖。为了更好地探测和研究空间环境在我国的区域性特征，科学家建议在东经100°和北纬40°附近增加两条观测链，形成两纵两横"井"字形的探测网，实现对我国国土区域的基本覆盖。两条子午观测链的好处还在于可以区分监测设备探测到的变化信号是空间环境随时间的变化，还是台站上空随经度分布的空间结构经过台站上空（实际上是由地球的自转引起的）时所引起的变化。

子午工程二期的投资规模将远大于子午工程一期，科学家需要认真规划，突出重点，用有限的经费实现最大的产出。因此，科学家提出，对空间天气扰动的关键区域和关乎国家安全的重点区域部署相对大型的监测设备，对这些区域的空间环境实现更精细、更综合的探测。经过多次研究论证，子午工程二期的探测重点放在我国北方中纬度地区（空间天气扰动从极区向赤道传播的必经之路）、青藏高原地区（独特的地理环境产生独特的岩石圈—大气层—电离层耦合现象）、海南地区（低纬度电离层异常频发的区域）、南北两极地区（太阳风进入地球磁层的窗口，是空间天气扰动的重要源区）。

最后，子午工程二期还将增加对太阳的直接观测设备（主要是射电望远镜、光学望远镜等）。太阳是空间天气的源头，相关的监测数据无论是对科学研究还是对空间天气预报都是十分重要的。子午工程二期将形成从太阳到行星际空间，到地球磁层，到电离层，直至中高层大气的全链条的观测能力，极大地推动空间天气科学研究，提升我国空间天气预报服务水平。

子午工程二期一经提出，便得到了国家战略规划部门的肯定。《国家重大基础设施建设中长期规划（2012—2030年）》明确提出，要"建成空间环境地基监测网，揭示空间环境的时间和空间变化规律，并逐步形成覆盖更多重要区域的空间环境监测、预警能力"。2015年11月至2016年6月，中国科学院国家空间科学中心组织科学家对子午工程二期的科学目标、技术方案做了深入的论证。2016年7月，在中华人民共和国国家发展和改革委员会（简称国家发改委）组织的"十三五"国家重大科技基础设施专家推荐会上，子午工程二期获得一致推荐，成功列入《国家重大科技基础设施"十三五"规划》。如果不出意外，子午工程二期项目将于2018年开工建设，2022年后开始运行。届时，我国探索和预报空间天气的能力都将得到大幅提升。

国际空间天气子午圈计划

空间天气由于发生在离地面很高的地方，因而表现为一种全球性的过程。地球不同区域的空间环境既有自己的区域特点，又与其他区域相联系。比如地球磁层在向阳面被压缩，在背阳面被拉伸，向阳面和背阳面的地磁活动等现象是迥然不同的，但它们之间又存在密切联系，因为磁场重联往往在向阳面和背阳面同时发生。科学家在分析向阳面的观测数据时，往往同时需要背阳面的数据。这时，在完整子午圈上的观测数据最受科学家欢迎。另外，空间天气的影响波及全人类，国际合作是空间天气研究内在的需求和特点。

我国科学家在酝酿子午工程构想之初，就采取了开放的思路。科学家建议以子午工程为基础和核心，通过国际合作，向北延伸至俄罗斯，向南经东南亚、澳大利亚等联结我国的南极中山站，并和西经60°子午链合拢到一起，构成一个环绕地球一周的空间环境监测子午圈。这就是"国际空间天气子午圈计划"。

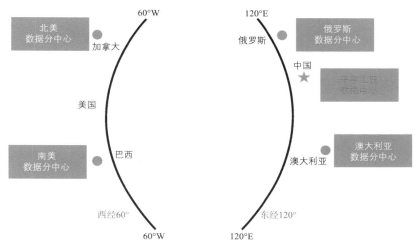

图7-13 国际空间天气子午圈布局示意图

国际空间天气子午圈计划利用了东经120°/西经60°子午圈是全球陆基观测台站最多的地理特征，以及许多基本的近地空间天气过程沿子午圈发生的物理本质。这也是子午工程台站布局巧妙之所在。随地球的自转，比对两个经度相距180°位置上的空间环境变化，再结合空间卫星探测，使得了解空间天气全球结构的时空变化规律成为可能。正是由于国际空间天气子午圈计划是世界空间天气地基综合监测史上从未有过的创新，因此，它一经提出就得到了我国政府部门的支持，也得到了相关国际科学组织、国家与地区的积极响应。

目前，国际空间天气子午圈计划（一期）已经开始建设。2014年8月6日，中国科学院国家空间科学中心和巴西国家空间研究院（INPE）在巴西举行了"中国—巴西空间天气联合实验室"和"中国科学院南美空间天气实验室"揭牌仪式。联合实验室将

图7-14   第一次国际空间天气子午圈计划研讨会于2011年在三亚召开

图7-15   国际空间天气子午圈计划（一期）——中国—巴西空间天气联合实验室揭牌

主要负责西半球子午链的联合观测和数据汇交，开展东、西半球近地空间环境的探测与研究。

目前，中国科学院南美空间天气实验室还处于建设期间。预期将建设电离层数字测高仪、激光雷达、磁通门磁力仪等监测设备，并建设数据中心。实验室将充分利用巴西正好处于与我国共轭（相对我国的地理位置，巴西正好在地球的另一边）的地理位置的优越性，开展数据联合分析，对于研究空间环境中普遍存在的南北半球、东西半球共轭现象将发挥重要的作用。

不久的将来，子午工程二期的建成和国际空间天气子午圈计划的顺利推进，将大幅提升人类对空间环境的监测和认知能力，我国在空间环境地基监测方面的国际引领作用也将更加凸显。在人类探索空间天气奥秘的征途中，子午工程将树立起空间环境地基监测的丰碑！

子午工程大事记

1993年11月	科学家提出子午工程的设想。
1997 年 6 月	子午工程被确定为国家重大科学工程。
2005 年 3 月	成立子午工程项目建设领导小组。
2005 年 4 月	成立子午工程科技委员会。
2005 年 8 月	子午工程建设项目正式立项。
2006年10月	国家发改委批复子午工程可行性研究报告。
2007 年 9 月	子午工程项目建设初步设计获批复，进入实施阶段。
2008 年 1 月	举行子午工程开工典礼，项目正式开工建设。
2010 年 1 月	子午工程开始建设期试运行。
2010 年 6 月	子午工程首枚气象火箭成功发射。
2010年11月	子午工程数据与通信系统通过预验收。
2011 年 1 月	子午工程转入联合试运行阶段。
2011 年 5 月	子午工程首枚探空火箭成功发射。
2011 年 7 月	子午工程研究与预报系统通过预验收。
2011年10月	子午工程三大系统通过联合测试。

2012 年 8 月	子午工程空间环境监测系统通过预验收。
2012 年 8 月	子午工程工艺测试通过评审。
2012 年 10 月	子午工程通过国家验收，进入正式运行阶段。
2014 年 10 月	"子午工程建设成果"获得"中国地球物理科学技术进步奖"。

图书在版编目（ＣＩＰ）数据

探索空间天气的奥秘：东半球空间环境地基综合监
测子午链 / 王赤主编. -- 杭州：浙江教育出版社，
2017.12
中国大科学装置出版工程
ISBN 978-7-5536-6723-2

Ⅰ．①探… Ⅱ．①王… Ⅲ．①航天学－气象学－研究
Ⅳ．①V419

中国版本图书馆CIP数据核字(2017)第305528号

策　　划　周　俊　莫晓虹
责任编辑　吴颖华　王杰生　　　　责任校对　余晓克
美术编辑　韩　波　　　　　　　　责任印务　陈　沁

中国大科学装置出版工程
探索空间天气的奥秘——东半球空间环境地基综合监测子午链
ZHONGGUO DAKEXUE ZHUANGZHI CHUBAN GONGCHENG
TANSUO KONGJIAN TIANQI DE AOMI——DONGBANQIU KONGJIAN HUANJING DIJI ZONGHE JIANCE ZIWULIAN

王　赤　主　编　　陈志青　张晓曦　副主编

出版发行　浙江教育出版社
　　　　　（杭州市天目山路40号　邮编：310013）
图文制作　杭州兴邦电子印务有限公司
印　　刷　杭州富春印务有限公司
开　　本　710mm×1000mm　1/16
印　　张　14
插　　页　2
字　　数　281 300
版　　次　2017年12月第1版
印　　次　2017年12月第1次印刷
标准书号　ISBN 978-7-5536-6723-2
定　　价　45.00元

联系电话　0571-85170300-80928
网　　址　www.zjeph.com